U0239208

山东省计量科学研究院
计量标准汇编
（2020）

山东省计量科学研究院　编

山东大学出版社

图书在版编目(CIP)数据

山东省计量科学研究院计量标准汇编.2020/山东
省计量科学研究院编.—济南:山东大学出版社，
2020.6

ISBN 978-7-5607-6335-4

Ⅰ.①山… Ⅱ.①山… Ⅲ.①计量－标准－汇编－山
东－2020 Ⅳ.①TB9-65

中国版本图书馆 CIP 数据核字(2020)第 110538 号

策划编辑　李艳玲
责任编辑　李昭辉
封面设计　张　荔

出版发行　山东大学出版社
社　　址　山东省济南市山大南路 20 号
邮政编码　250100
发行热线　(0531)88363008
经　　销　新华书店
印　　刷　山东新华印务有限公司
规　　格　720 毫米×1000 毫米　1/16
　　　　　25 印张　312 千字
版　　次　2020 年 6 月第 1 版
印　　次　2020 年 6 月第 1 次印刷
定　　价　68.00 元

《山东省计量科学研究院计量标准汇编(2020)》
编委会

前　言

计量是认识世界和改造世界的工具,是国家核心竞争力的重要标志,也是控制质量、创造更高质量的重要物质手段。联合国工业发展组织和国际标准化组织提出,计量、标准、合格评定(认证认可、检验检测)共同构成了一个国家的质量基础设施。

社会公用计量标准是由政府计量行政部门批准建立,用于统一地区量值、实施计量监督,具有公证作用的计量标准,它不仅是统一量值的法定依据,更是国家的重要战略资源。山东省省级社会公用计量标准是国家量值溯源体系的重要组成部分,是山东省计量科技水平和核心竞争力的主要体现,是山东省科技创新、高质量发展的重要技术支撑,也是山东省装备制造业实现跨越式发展的核心基础,是建设"质量山东"的重要基石。

历经几代人的共同努力,山东省计量科学研究院社会公用计量标准能力建设得到了快速提升,计量标准数量由改革开放初期的 7 大专业 44 项,增加到了 10 大专业 345 项,涵盖了几何量、热学、力学、电磁学、声学、光学、无线电、时间频率、电离辐射、化学等领域,能力建设水平居全国同行前列。为确保山东省量值的准确可靠和单位统一,保障经济的正常运行和社会的安全稳定,推动全省实现高质量发展提供了重要支撑。在建设计量标准的同时,山东省计量科学研究院围绕重点领域和新型测量仪器设备检测技术开展了若干研究和设备研制工作,取得了一系列重要成果,先后获得山东省科技进步二等奖 7 项、山东省科技进步三等奖 22 项,其他行业奖项 40 余项,共获得各种专利 161 项。其中,"热量表检定装置""50 kN & 500 kN 静重/杠杆两用式力标准机""血液分析仪的质量控制和量值溯源体系""公路车辆计重装置及自动检测系统的研究应用"等多个项目都为山东省乃至全国的经济社会发展提供了重要技术支撑。山东省计量科学研究院现有的社会公用计量标准还存在覆盖面不足、与新旧动能转换的智慧产业需求不匹配等问题,应不断加强省级社会公用计量标准的建设,推动计量标准的升级换代,完善社会公用计量标准体系,充分释放计量效能,更好地服务新兴产业和适应新旧动能转换的新要求。

在科学技术迅速发展和经济全球化日益深化的今天,计量肩负着增强国家核心竞争力的重要使命。当前,全球计量体系新格局正在形成,随着计量科学进入量子化时代,计量事业的发展也在面临着新的机遇和挑战,中国计量事业发展的新图景正在徐徐展开。这就迫切要求我们抓住计量变革的机遇,紧跟国际计量发展的新趋势,围绕新旧动能转换重大工程和山东省"十三五"战略性新兴产业发展规划,建立新一代社会公用计量标准,开拓计量新领域,实现跨越式发展。

"度万物、量天地、衡公平"是计量的追求和目标,也是让计量保障山东省建设成为制造强省和质量强省的职责所在。为此,山东省计量工作者要抓住发展机遇,推动省委、省政府各项重大战略决策部署的落地落实,持续夯实计量技术的基础。

为深入贯彻落实党的十九大精神,全面落实山东省人民政府关于贯彻落实《计量发展规划(2013～2020 年)》的实施意见和省委、省政府《关于开展质量提升行动的实施方案》,保障全省计量单位制统一和量值准确可靠,满足全省企事业单位对社会公用计量标准的了解和溯源的需求,按照国家市场监督管理总局《关于进一步加强社会公用计量标准建设与管理的指导意见》的有关要求,现将山东省计量科学研究院社会公用计量标准汇编成册。《山东省计量科学研究院计量标准汇编(2020)》一书的编写和出版将为全省提供统一量值的计量标准权威信息,以期让社会各界对计量事业更加了解、关注和支持。让我们凝聚全社会的力量,共同推动山东省计量事业的健康发展,为建设质量强省,实现中华民族伟大复兴的中国梦做出新的贡献。

编　者

2020 年 5 月

目　录

第一章 几何量社会公用计量标准

    几何量是表征物体几何参数的量,主要包括物体尺寸、形状和位置信息等,服务领域涉及工程机械、汽车工业、装备制造、海洋工程、生物医药和电子信息等产业。几何量计量一般包括长度计量、角度计量和工程参量计量。几何量计量是现代计量科学技术的重要组成部分,是发展较早、较完善的学科之一。早在3000多年前的商朝,已有象牙制成的尺。公元前221年,秦始皇统一了"度量衡",其中的"度"指的就是长度计量。

    长度的基本单位是"米",是国际单位制的7个基本单位之一,是所有几何量计量的基础。1889年,第一届国际计量大会确定将"米原器"作为"米"单位的标准。1983年,第十七届国际计量大会将"米"重新定义为光在真空中1/299792458秒内所经过的长度。自此,长度基准完成了由自然基准向以基本物理常数定义的过渡。

    几何量计量是装备制造业的质量基础。随着"中国制造2025"战略的实施,装备制造业正逐渐向智能化、集成化、精密微型化等方向发展。几何量计量技术也在从经典的实验室技术向现场计量技术发展,从单参数向多参数、大量程、动态和在线自动化测量方向发展。在航空航天和高端制造领域,高准确度的计量技术是空间试验、高端装备、集成电路和智能制造的基础,对几何量计量的需求尤其突出。

    随着科技的发展,几何量计量正朝着微纳米尺度和超大尺度两个方向快速发展:"小"可至纳米尺度的测量和微观形貌观测,"大"可达几十千米甚至几千千米的大地测绘。"神舟"航天、"蛟龙"探海、"北斗"导航、珠峰测高、芯片制造等国家重大项目都离不开几何量计量的有力支撑。

山东省计量科学研究院几何量计量的发展走过了半个多世纪,专注于山东省全省装备制造业中几何量的尺寸、形状、位置、坐标、方向、角度以及各种引申参量测量方法和测试技术的研究,现已建立43项省级几何量社会公用计量标准,包括长度计量标准25项、角度计量标准9项、工程参量计量标准9项,已基本覆盖装备制造业中几何参量的量值溯源需求。未来将进一步加强计量测试技术的研究,完善几何量计量量值溯源体系,为产品的设计、研发、试验以及生产的全过程提供计量技术支持,为促进国家战略的顺利实施和助推山东新旧动能转换提供技术支撑和保障。

【计量标准名称】双频激光干涉仪标准装置

【证书编号】[2002]国量标鲁证字第 121 号

　　　　　　[2002]鲁社量标证字第 Z121 号

【技术指标】

测量范围:(0~1000)mm

不确定度/准确度等级/最大允许误差:

　　　激光干涉仪系统:MPE:$\pm 1.1 \times 10^{-6} L$

【技术能力】国内先进

【服务领域】三等标准金属线纹尺是一种刚性直尺,多用于检定水准标尺、钢直尺及其他线纹尺,多用锌白铜、不锈钢和黄铜等材料制成,广泛用于测绘工程、航空航天和轨道交通等领域。该标准是山东省的最高计量标准,满足了省内对三等标准金属线纹尺的检定需求,确保了机械加工中零部件尺寸以及大地测量和工程测量中长度量值的准确可靠,为山东省高端装备制造和国家重点工程建设提供了计量技术支撑和保障。

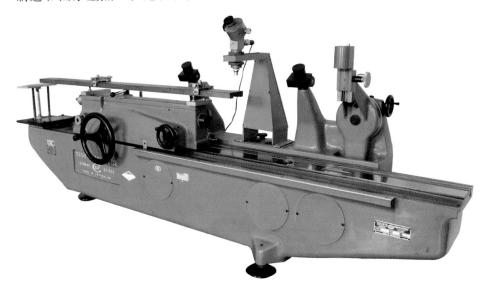

【保存地点】山东省计量科学研究院千佛山园区

【计量标准名称】全球卫星定位系统(GPS)接收机校准装置

【证书编号】[2005]国量标鲁证字第 133 号

　　　　　　[2005]鲁社量标证字第 Z133 号

【技术指标】

测量范围:超短基线:6 m

　　　　　遥墙机场标准长度检定场:(6～1999)m

　　　　　中长基线:(2.7～56.9)km

不确定度/准确度等级/最大允许误差:

　　　　　超短基线:$U=1.0$ mm,$k=2$

　　　　　遥墙机场标准长度检定场:$U=1×10^{-6}L$,$k=2$

　　　　　中长基线:MPE:$±3mm+5×10^{-8}D$,D—mm

【技术能力】国内先进

【服务领域】GPS 接收机是能够接收 GPS 卫星信号并进行测量、定位和导航的设备,可分为测地型 GPS 接收机和导航型 GPS 接收机,广泛应用于测绘、交通、水利、电力、规划、紧急救援、资源勘探和航海等领域。该标准的建立完善了山东省长度计量的量值溯源体系,满足了省内工程测绘类企业对 GPS 接收机校准的需求,确保了野外长距离量值的准确、可靠,为国家重点工程和省市重大测绘工程的建设提供了重要的技术支撑。

【保存地点】山东省计量科学研究院千佛山园区

【计量标准名称】套管尺检定装置

【证书编号】[2003]鲁量标证字第 029 号

　　　　　　　[2003]鲁社量标证字第 C029 号

【技术指标】

测量范围:(600～4500)mm

不确定度/准确度等级/最大允许误差:

　　　　测长机:MPE:$\pm(0.5+L/100)\mu m, L\text{-}mm$

【技术能力】国内先进

【服务领域】套管尺是用来测量铁路罐车、化工塔槽以及储存液体卧式罐内尺寸的专用量具,也可用来测量其他大容器和大型器件的内尺寸,广泛用于铁路交通、石油化工等领域。该标准的建立完善了山东省长度计量的量值溯源体系,满足了省内企业对套管尺的检定需求,确保了铁路罐车、罐体容量量值的准确可靠,为工农业生产、企业间贸易结算和国际贸易的公平进行提供了计量技术保障。

【保存地点】山东省计量科学研究院千佛山园区

【计量标准名称】二等量块标准装置

【证书编号】[1986]国量标鲁证字第 037 号

[1986]鲁社量标证字第 Z037 号

【技术指标】

测量范围:(0.5～1000)mm

不确定度/准确度等级/最大允许误差:

量块:二等;接触式干涉仪:MPE:$\pm(0.03+1.5n_i\Delta\lambda/\lambda)\mu$m

量块测量仪:MPE:$\pm0.03\ \mu$m

测长机(比较仪):MPE:$\pm(0.03+1.5n_i\Delta\lambda/\lambda)\mu$m

【技术能力】国内领先

【服务领域】量块是用耐磨材料制造,横截面为矩形,并具有一对相互平行的测量面的实物量具,广泛应用于精密机械加工、汽车产业和高端装备制造等领域。该标准作为山东省的最高社会公用计量标准,确保了省内机械加工企业长度量值的准确可靠,并可溯源到长度基准,为山东省工程机械、装备制造和汽车工业等领域的产品质量提升和企业转型升级提供了计量技术保障。

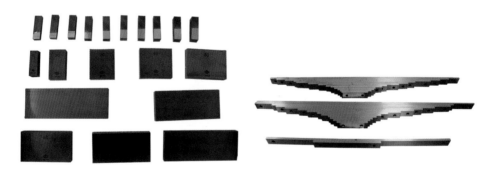

【保存地点】山东省计量科学研究院千佛山园区

【计量标准名称】三等量块标准装置

【证书编号】［1992］鲁量标证字第 003 号

　　　　　　　［1992］鲁社计标证字第 C003 号

【技术指标】

测量范围：(0.5～1000)mm

不确定度/准确度等级/最大允许误差：三等

【技术能力】国内领先

【服务领域】四等量块是一种端面长度标准器，多用于检定测长类仪器、游标类量具、指示类量具和测微类量具，主要应用于机械加工、汽车工业、轨道交通和装备制造等领域。该标准的建立完善了山东省长度计量的量值溯源体系，满足了山东省内计量机构和各类企业对四等量块的检定需求，确保了机械加工中各种长度尺寸量值的准确可靠，为山东省内工程机械和装备制造等领域的产品质量提升提供了计量技术保障。

【保存地点】山东省计量科学研究院千佛山园区

【计量标准名称】百分表检定仪检定装置

【证书编号】[1997]鲁量标证字第 020 号

[1997]鲁社量标证字第 C020 号

【技术指标】

测量范围:(0~50)mm

不确定度/准确度等级/最大允许误差:四等

【技术能力】国内先进

【服务领域】百分表检定仪是用于检定百分表(指针、数显)、杠杆表和内径表以及大量程百分表的计量仪器,按读数方式可分为数字式和机械鼓轮式两种,广泛用于航空航天、汽车制造、海洋工程和高端装备等领域。该标准的建立满足了机械制造企业对百分表检定仪的检定需求,确保了形状误差和位置误差等长度位移量值的准确可靠,为企业提高产品质量和转型升级提供了计量技术支撑。

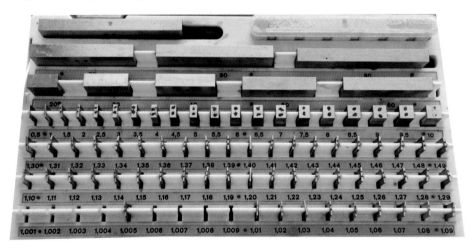

【保存地点】山东省计量科学研究院千佛山园区

【计量标准名称】表面粗糙度比较样块校准装置

【证书编号】[1997]鲁量标证字第 021 号

[1997]鲁社量标证字第 C021 号

【技术指标】

测量范围：$Ra(0.01\sim50)\mu m$

不确定度/准确度等级/最大允许误差：MPE：$\pm5\%$

【技术能力】国内先进

【服务领域】表面粗糙度比较样块是用来检查制件表面粗糙度的一种工作量具，按用途可分为磨、车、镗、铣、插、刨、电火花和抛光加工用样块，广泛服务于高端装备、工程机械、精密仪器和航空航天等领域。该标准的建立满足了山东省内表面粗糙度比较样块校准的需求，确保了机械加工中制件表面粗糙度参数量值的准确可靠，为提高机械产品的加工质量提供了技术支撑和保障。

【保存地点】山东省计量科学研究院千佛山园区

【计量标准名称】测微量具检定装置

【证书编号】[1988]鲁量标证字第 007 号

[1988]鲁社量标证字第 C007 号

【技术指标】

测量范围:(0~3000)mm

不确定度/准确度等级/最大允许误差:

量块:三等、四等

环规:二等

【技术能力】国内先进

【服务领域】测微量具是能够精密测量工件内外尺寸的计量器具,按用途可分为外径千分尺、内径千分尺和杠杆千分尺等,广泛应用于高端装备、精密仪器和轨道交通装备等领域。该标准的建立满足了省内各类测微量具的检定需求,确保了机械加工和装备制造中产品制件尺寸量值的准确可靠,为省内零部件制造企业加强质量管理、提高产品质量、增强企业核心竞争力提供了有力的技术支撑和保障。

【保存地点】山东省计量科学研究院千佛山园区

【计量标准名称】单刻线样板标准装置

【证书编号】[1986]国量标鲁证字第 005 号

　　　　　　　[1986]鲁社量标证字第 Z005 号

【技术指标】

测量范围：H：$(0.15\sim50)\mu m$

不确定度/准确度等级/最大允许误差：$U_{95\text{rel}}=(5\sim2)\%$

【技术能力】国内先进

【服务领域】干涉显微镜是利用光波干涉原理来测量表面粗糙度参数的计量仪器，可用于测量精密加工零件的外表面，也可用来测量零件表面刻线、镀层深度等，广泛应用于石油化工、精密制造、信息电子等领域。该标准的建立完善了山东省工程参量计量的量值溯源体系，确保了精密加工零件外表面粗糙度量值的准确可靠，为装备制造企业提高产品质量提供了计量技术保障。

【保存地点】山东省计量科学研究院千佛山园区

【计量标准名称】刀口形直尺检定装置

【证书编号】[2010]鲁量标证字第 137 号

[2010]鲁社量标证字第 C137 号

【技术指标】

测量范围:(0～500)mm

不确定度/准确度等级/最大允许误差:MPE:±(0.15～0.5)μm

【技术能力】国内领先

【服务领域】刀口形直尺是以其工作棱边直线度为标准,利用光隙法比较测量被测件直线度或平面度的量具,可分为刀口尺、三棱尺和四棱尺,广泛应用于高端装备、精密仪器和轨道交通等领域。该标准的建立完善了山东省工程参量计量的量值溯源体系,满足了省内机械加工业对刀口形直尺检定的需求,确保了装备制造企业产品直线度参数量值的准确可靠,为企业提升产品质量、提高核心竞争力提供了技术支撑。

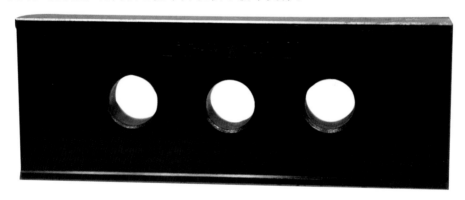

【保存地点】山东省计量科学研究院千佛山园区

【计量标准名称】端度测量仪器检定装置

【证书编号】[1988]鲁量标证字第 001 号

　　　　　　[1988]鲁社量标证字第 C001 号

【技术指标】

测量范围:(0～1000)mm

不确定度/准确度等级/最大允许误差:二等、三等

【技术能力】国内先进

【服务领域】测长机和坐标测量机是用于精密测量零部件长度等几何参数的计量器具,广泛应用于高端装备、精密加工、汽车制造和海洋工程等领域。该标准的建立完善了山东省长度计量的量值溯源体系,满足了装备制造企业对测长机和坐标测量机等仪器的检定和校准需求,确保了省内机械加工企业产品长度参数量值的准确可靠,为企业提升产品质量、增强企业核心竞争力提供了技术支撑。

【保存地点】山东省计量科学研究院千佛山园区

【计量标准名称】端度仪器标准装置

【证书编号】[2011]鲁量标证字第 141 号

[2011]鲁社量标证字第 Z141 号

【技术指标】

测量范围:(0~300)mm

不确定度/准确度等级/最大允许误差:

立式光学计、电感测微仪:MPE:$\pm 0.2\ \mu$m

万能测长仪:MPE:1 μm+5$\times 10^{-6}\ L$

高精度测长仪:MPE:(0.1+L/2000)μm,L-mm

大理石厚度块、钢筋位置检具:U=0.1 mm,k=2

【技术能力】国内先进

【服务领域】针规和三针是带有标称直径的圆柱体量具,针规一般用于工件孔径的检验和仪器校准;三针通常成组使用,用于螺纹中径测量,广泛应用于精密仪器、轨道交通和建筑工程等领域。该标准的建立完善了山东省长度计量的量值溯源体系,确保了装备制造领域中各类孔径参数、螺纹参数量值的准确可靠,为企业提高产品质量、加强质量控制和增强核心竞争力提供了技术支撑。

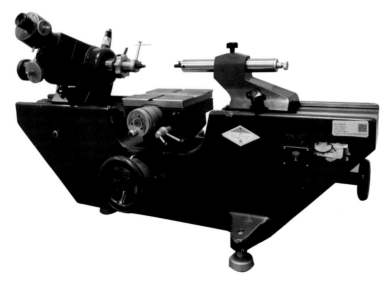

【保存地点】山东省计量科学研究院千佛山园区

【计量标准名称】多刻线样板标准装置

【证书编号】[1997]国量标鲁证字第 009 号

[1997]鲁社量标证字第 Z009 号

【技术指标】

测量范围:$Ra(0.086 \sim 4.3)\mu m$

不确定度/准确度等级/最大允许误差:MPE:$\pm 3\%$

【技术能力】国内先进

【服务领域】触针式表面粗糙度测量仪是采用接触法来测量被测表面粗糙度参数的仪器,可分为电感式、压电式、光电式、激光式和光栅式,广泛应用于航空航天、工程机械和汽车制造等领域。该标准的建立完善了山东省工程参量计量的量值溯源体系,确保了机械加工制件粗糙度参数量值的准确可靠,为提高装备制造企业的产品质量、提高核心竞争力提供了技术支撑和保障。

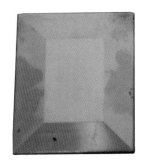  

【保存地点】山东省计量科学研究院千佛山园区

【计量标准名称】钢卷尺标准装置

【证书编号】[1998]国量标鲁证字第 055 号

　　　　　　[1998]鲁社量标证字第 Z055 号

【技术指标】

测量范围:(0～5)m

不确定度/准确度等级/最大允许误差:

　　　　MPE:$\pm(0.03+0.03L)$mm,L-m

【技术能力】国内先进

【服务领域】钢卷尺是一种线纹类计量器具,分为普通钢卷尺和测深钢卷尺两种:普通钢卷尺用来测量物体的长度,测深钢卷尺用来测量液体的深度。钢卷尺广泛应用于石油化工、消防、市政工程和建筑工程等领域。钢卷尺标准的建立完善了山东省长度计量的量值溯源体系,确保了山东省内各领域钢卷尺量值的准确可靠,为安全防护、行政执法、企业间贸易结算和国际贸易提供了技术支撑和保障。

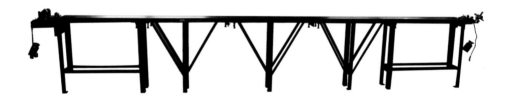

【保存地点】山东省计量科学研究院千佛山园区

【计量标准名称】焊接检验尺检定装置

【证书编号】［2008］鲁量标证字第 124 号

　　　　　　［2008］鲁社量标证字第 C124 号

【技术指标】

测量范围:主尺:(0～60)mm

　　　　　测角尺:0°～180°

不确定度/准确度等级/最大允许误差:

　　　　万能工具显微镜:MPE:$\pm(1+L/100)\mu m$,L-mm

　　　　万能角度尺:MPE:$\pm2'$

【技术能力】国内先进

【服务领域】焊接检验尺是用来检验焊接件焊缝宽度、高度、焊接间隙、坡口角度、咬边深度等参数的计量器具,可分为Ⅰ型、Ⅱ型、Ⅲ型和Ⅳ型,广泛应用于装备制造、工程机械和石油化工等领域。该标准的建立完善了山东省长度计量和角度计量的量值溯源体系,满足了山东省内企业对焊接检验尺的检定需求,确保了焊接件焊缝尺寸和角度参数量值的准确可靠,为提高焊接产品质量,加强质量管理提供了技术保障。

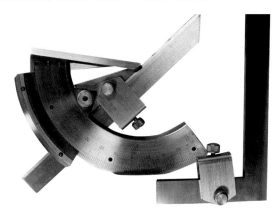

【保存地点】山东省计量科学研究院千佛山园区

【计量标准名称】环规检定装置

【证书编号】［2007］鲁量标证字第 117 号

　　　　　　［2007］鲁社量标证字第 C117 号

【技术指标】

测量范围：直径(0～200)mm

不确定度/准确度等级/最大允许误差：

　　高精度测长仪：MPE：$(0.1+L/2000)\mu$m，L-mm

【技术能力】国内先进

【服务领域】环规是用于测量内尺寸的计量标准器具，根据制造精度和测量不确定度可分为 1 级、2 级和 3 级，广泛服务于高端装备制造、精密仪器制造等领域。该标准的建立满足了山东省内轴类加工企业、机械制造企业和科研机构对环规等量具的检定需求，确保了轴及其他外尺寸量值的准确可靠，为提高产品质量和产品安全性，以及延长产品使用寿命提供了有力的技术支撑。

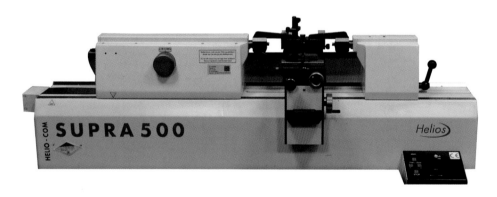

【保存地点】山东省计量科学研究院千佛山园区

【计量标准名称】混凝土裂缝宽度及深度测量仪校准装置

【证书编号】［2017］鲁量标证字第 177 号

　　　　　　［2017］鲁社量标证字第 C177 号

【技术指标】

测量范围:宽度校正片:(0.01～2.00)mm

　　　　　深度校正块:(0～50)mm

不确定度/准确度等级/最大允许误差:

　　　宽度校正片:$U=0.003$ mm,$k=2$

　　　深度校正块:$U=1.0$ mm,$k=2$

【技术能力】国内先进

【服务领域】混凝土裂缝宽度及深度测量仪是用于检测混凝土裂缝宽度和深度的无损检测仪器,可分为混凝土裂缝宽度测量仪、混凝土裂缝深度测量仪及混凝土裂缝综合测量仪三种,主要用于建筑工程领域。该标准的建立满足了山东省建筑行业对混凝土裂缝宽度及深度测量仪的校准需求,确保了桥梁、隧道、墙体、混凝土路面等裂缝宽度及深度参数量值的准确可靠,为提高建筑工程质量和加强道路交通安全提供了技术支撑和保障。

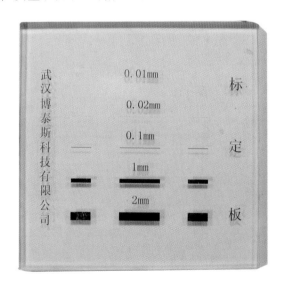

【保存地点】山东省计量科学研究院千佛山园区

【计量标准名称】齿轮渐开线样板标准装置

【证书编号】［1997］国量标鲁证字第 052 号

［1997］鲁社量标证字第 Z052 号

【技术指标】

测量范围：r_b:24 mm；r_b:100 mm；r_b:197 mm

不确定度/准确度等级/最大允许误差:二等

【技术能力】国内先进

【服务领域】齿轮渐开线测量仪器是用于测量齿轮渐开线的计量器具，分为机械式和数控式两类，广泛应用于航空航天、汽车制造和船舶制造等领域。该标准是此领域的山东省最高计量标准，满足了齿轮加工制造企业对此类仪器的校准要求，确保了齿轮齿形误差量值的准确可靠，为促进装备制造业的质量提升和增强企业核心竞争力提供了计量技术保障。

【保存地点】山东省计量科学研究院千佛山园区

【计量标准名称】角度尺检定装置

【证书编号】[2011]鲁量标证字第 144 号

　　　　　　[2011]鲁社量标证字第 C144 号

【技术指标】

测量范围:0°~360°

不确定度/准确度等级/最大允许误差:2 级

【技术能力】国内先进

【服务领域】万能角度尺是利用两测量面相对移动所分隔的角度进行读数的通用角度测量器具,分为游标万能角度尺和带表万能角度尺两种,每种又分Ⅰ型和Ⅱ型,广泛应用于工程机械、轨道交通装备和海洋工程装备等领域。该标准的建立完善了山东省角度计量的量值溯源体系,确保了机械产品制件角度量值的准确可靠,为企业提高产品质量和提升核心竞争力提供了技术保障。

【保存地点】山东省计量科学研究院千佛山园区

【计量标准名称】经纬仪、水准仪检定仪检定装置

【证书编号】[2014]鲁量标证字第 159 号

　　　　　　[2014]鲁社量标证字第 C159 号

【技术指标】

测量范围:正多面棱体:$0°\sim360°$

　　　　　水平标准陪检器:$0'\sim\pm4'$

不确定度/准确度等级/最大允许误差:

　　　　　正多面棱体:三等

　　　　　水平标准陪检器:MPE:$\pm0.1''/1'$

【技术能力】国内先进

【服务领域】经纬仪检定仪是用于检定经纬仪的专用装置,有多目标式和多齿分度台式两种;水准仪检定仪是能产生水平准线并对水准仪进行检定的测量装置,广泛用于大地测量、工程测量、地震监测和建筑工程等领域。该标准的建立完善了山东省角度计量的量值溯源体系,确保了省内大地测量和工程建设中角度和高差等参数量值的准确可靠,为提高测绘产品及建筑工程质量提供了有力的技术支撑和保障。

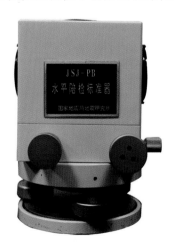 

【保存地点】山东省计量科学研究院千佛山园区

【**计量标准名称**】经纬仪和水准仪检定装置

【**证书编号**】［1992］国量标鲁证字第 097 号

　　　　　　　［1992］鲁社量标证字第 Z097 号

【**技术指标**】

测量范围:经纬仪部分:水平方向:0°～360°;竖直方向:±30°

　　　　　水准仪部分:2 m～∞;i 角测量范围:±25″

不确定度/准确度等级/最大允许误差:

　　　　经纬仪部分:多齿分度台最大分度间隔误差 0.3″

　　　　水平目标定位重复性 0.3″,竖直目标定位重复性 1.0″

　　　　水准仪部分:1 级

【**技术能力**】国内先进

【**服务领域**】水准仪是进行高差测量的计量器具,可分为水准管水准仪、自动安平水准仪和数字水准仪;经纬仪是用于测量水平角和竖直角的精密光学仪器,可分为光学经纬仪和电子经纬仪。经纬仪和水准仪广泛应用于工程测量、大地测量以及大型精密机械安装等领域。作为山东省的最高计量标准,该标准的建立完善了山东省角度计量的量值溯源体系,确保了测绘领域中高差和角度量值的准确可靠,为提高测绘工程质量,助推省市重大测绘工程建设提供了技术支撑。

【**保存地点**】山东省计量科学研究院千佛山园区

【计量标准名称】卡尺量具检定装置

【证书编号】［1988］鲁量标证字第 005 号

　　　　　　［1988］鲁社量标证字第 C005 号

【技术指标】

测量范围：(0～2000)mm

不确定度/准确度等级/最大允许误差：3 等、4 等

【技术能力】国内先进

【服务领域】卡尺是用于测量工件外尺寸、内尺寸和深度尺寸以及盲孔、阶梯形孔等相关尺寸的计量器具，分为游标卡尺、数显卡尺、带表卡尺等，广泛应用于航空航天、工程机械、精密仪表和高端装备等领域。该标准的建立完善了山东省长度计量的量值溯源体系，满足了省内机械加工企业对各类卡尺量具的检定需求，为企业加强质量管理和技术创新、提升产品质量提供了技术支撑。

【保存地点】山东省计量科学研究院千佛山园区

【计量标准名称】螺旋线样板标准装置

【证书编号】[1998]国量标鲁证字第 043 号

[1998]鲁社量标证字第 Z043 号

【技术指标】

测量范围：$\beta\,0°$、$\beta\,15°$、$\beta\,30°$

不确定度/准确度等级/最大允许误差：二等

【技术能力】国内先进

【服务领域】齿轮螺旋线测量仪器是测量齿轮螺旋线的计量器具，分为机械式和数控式两类，广泛应用在航空航天、汽车制造和船舶制造等领域。该标准是山东省的最高计量标准，满足了齿轮加工制造企业对齿轮螺旋线测量仪器的校准要求，确保了齿轮齿向偏差参数量值的准确可靠，为促进装备制造业的质量提升和增强企业核心竞争力提供了计量技术保障。

【保存地点】山东省计量科学研究院千佛山园区

【计量标准名称】平尺、平板检定装置

【证书编号】[1997]鲁量标证字第 038 号

[1997]鲁社量标证字第 C038 号

【技术指标】

测量范围:平板:(160×100～5000×3000)mm

平尺:(300～6300)mm

不确定度/准确度等级/最大允许误差:$U=(0.7～2.8)\mu m, k=2$

【技术能力】国内先进

【服务领域】平板是用于工件检验和画线的平面基准器具,按准确度级别分为 0 级、1 级、2 级和 3 级;平尺是用于测量工件表面直线度和平面度的计量器具,按准确度级别分为 00 级、0 级、1 级和 2 级,广泛应用于航空航天、工程机械、轨道交通和智能制造等领域。该标准的建立完善了山东省工程参数计量的量值溯源体系,确保了机械加工企业产品制件直线度和平面度参数量值的准确可靠,为助力企业产品质量提升和增强核心竞争力提供了重要的技术支撑。

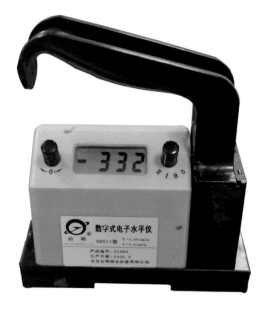

【保存地点】山东省计量科学研究院千佛山园区

【计量标准名称】平面平晶检定装置

【证书编号】〔1986〕国量标鲁证字第 004 号

　　　　　　　〔1986〕鲁社量标证字第 Z004 号

【技术指标】

测量范围：≤Φ140 mm

不确定度/准确度等级/最大允许误差：标准平晶：2 等

【技术能力】国内先进

【服务领域】平晶是以光波干涉法测量平面度、直线度、研合性以及平行度的计量器具，分为标准平晶和工作平晶两大类。工作平晶分为一级和二级，标准平晶分为一等和二等，主要用于高端制造业和航空航天等领域。作为山东省的最高计量标准，该标准的建立确保了省内计量部门和精密制造企业产品平面度参数量值的准确可靠，为高端装备制造业提升产品质量，加强质量管理，增强核心竞争力，助推山东省新旧动能转换提供了有力的技术支撑和保障。

【保存地点】山东省计量科学研究院千佛山园区

【计量标准名称】千分表检定仪检定装置

【证书编号】[1997]鲁量标证字第 019 号

[1997]鲁社量标证字第 C019 号

【技术指标】

测量范围:(0~50)mm

不确定度/准确度等级/最大允许误差:3 等

【技术能力】国内先进

【服务领域】千分表检定仪是用于检定千分表、杠杆千分表和内径千分表的计量仪器,按读数方式可分为数字式和机械鼓轮式,广泛用于精密机械、汽车制造、海洋工程和高端装备等领域。该标准的建立满足了山东省机械制造企业对千分表检定仪的检定需求,确保了机械加工产品形状误差和位置误差等微小位移量值的准确可靠,为机床安装、精密调试以及企业提高产品质量提供了计量技术支撑。

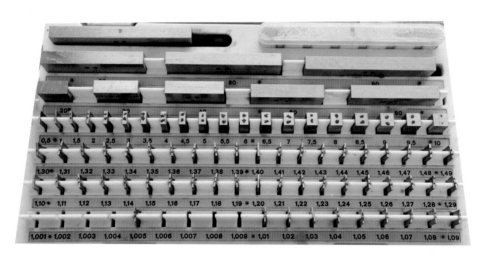

【保存地点】山东省计量科学研究院千佛山园区

【计量标准名称】全站仪检定装置

【证书编号】［2000］国量标鲁证字第 071 号

　　　　　　［2000］鲁社量标证字第 Z071 号

【技术指标】

测量范围：长度：(6～1999)m

　　　　　角度：水平角：$0°\sim360°$；竖直角：$\pm30°$

不确定度/准确度等级/最大允许误差：

　　　　　长度：$U=1\times10^{-6}L,k=2$

　　　　　水平角：$\leqslant0.3''$；竖直角：$\leqslant1.0''$

【技术能力】国内先进

【服务领域】全站仪是一种兼有测距和测角功能的自动化、数字化三维坐标测量与定位系统，可分为短程、中程和长程三种，广泛用于工程测量、地形测量、地籍与房产测量、工业测量及近海定位等领域。该标准是山东省野外长距离测量的最高计量标准，满足了省内全站仪和测距仪的检定需求，确保了测绘工程中长度和角度量值的准确可靠，为国家重点工程和省市重大测绘工程的建设提供了重要的技术支撑和保障。

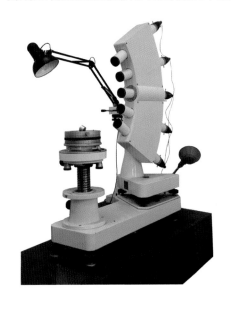 

【保存地点】山东省计量科学研究院千佛山园区

【计量标准名称】三等金属线纹尺标准装置

【证书编号】〔1988〕鲁量标证字第 037 号

〔1988〕鲁社量标证字第 C037 号

【技术指标】

测量范围:(0~1000)mm

不确定度/准确度等级/最大允许误差:

$$MPE:\pm(0.03+0.02L)mm,L\text{-}m$$

【技术能力】国内先进

【服务领域】钢直尺是用来测量长度的线纹类量具,包括普通钢直尺和棉纤维钢尺,广泛应用于机械制造、电力工程、钢铁煤炭、轨道交通、建筑装饰、水利工程和工程机械等领域。该标准的建立完善了山东省长度计量的量值溯源体系,满足了山东省内对钢直尺的检定需求,确保了高端制造、精密加工中尺寸量值的准确可靠,为企业提升工件加工精度,提升产品质量和性能提供了技术支撑。

【保存地点】山东省计量科学研究院千佛山园区

【计量标准名称】数显分度头标准装置

【证书编号】[1988]鲁量标证字第 004 号

　　　　　　[1988]鲁社量标证字第 C004 号

【技术指标】

测量范围:0°~360°

不确定度/准确度等级/最大允许误差:MPE:±1″

【技术能力】国内先进

【服务领域】角度块是一种高精度角度量具,可用于检定角度量具的示值误差,分为Ⅰ型角度块和Ⅱ型角度块,主要应用于高端装备制造和精密加工等领域。该标准的建立完善了山东省角度计量的量值溯源体系,确保了各种角度标准器具和角度测量仪器量值的准确可靠,为山东省高端装备产业提升产品质量和增强核心竞争力提供了重要技术支撑。

【保存地点】山东省计量科学研究院千佛山园区

【计量标准名称】水平仪检定器检定装置

【证书编号】[1997]鲁量标证字第 036 号

　　　　　　[1997]鲁社量标证字第 C036 号

【技术指标】

测量范围:(0～180)mm

不确定度/准确度等级/最大允许误差:$U_{rel}=2.0\%$,$k=2$

【技术能力】国内先进

【服务领域】水平仪检定器是一种测量小角度的计量仪器,主要用于检定框式水平仪和条式水平仪,可分为杠杆螺丝副式和螺丝副式两种,广泛应用于高端装备制造和工程机械等领域。该标准的建立完善了山东省角度计量的量值溯源体系,确保了机械加工制造企业产品制件角度量值的准确可靠,为山东省精密加工和高端装备制造业提升产品质量和加强质量管理提供了有力的技术支撑。

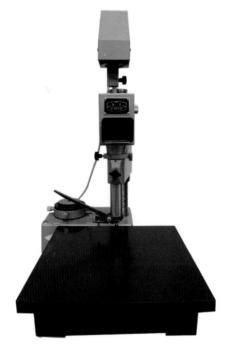

【保存地点】山东省计量科学研究院千佛山园区

【计量标准名称】线位移传感器校准装置

【证书编号】［2017］鲁量标证字第 175 号

　　　　　　［2017］鲁社量标证字第 C175 号

【技术指标】

测量范围：(0～3000)mm

不确定度/准确度等级/最大允许误差：

　　　量块：三等

　　　测长机 MPE：$\pm(0.5+L/100)\mu m$，$L\text{-mm}$

【技术能力】国内先进

【服务领域】线位移传感器是用来测量位移、距离、位置和应变量等长度尺寸的仪器，可以输出电信号，或以数字或其他方式输出长度尺寸，广泛应用于高端装备、纺织机械和工程机械等领域。该标准的建立完善了山东省长度计量的量值溯源体系，确保了省内建筑行业和机械制造领域位移量值的准确可靠，为企业提质增效和转型升级提供了重要的技术支撑。

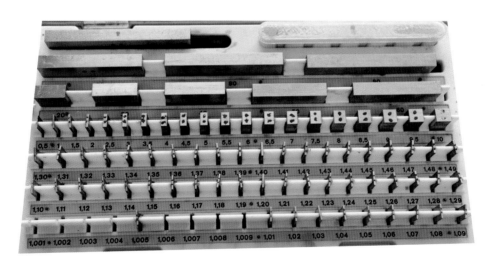

【保存地点】山东省计量科学研究院千佛山园区

【计量标准名称】小角度测量仪标准装置

【证书编号】[1988]鲁量标证字第 008 号

[1988]鲁社量标证字第 C008 号

【技术指标】

测量范围:(0～±40)′

不确定度/准确度等级/最大允许误差:三等

【技术能力】国内先进

【服务领域】自准直仪是一种用于小角度测量的精密计量仪器,可分为光学自准直仪和光电自准直仪两种,与多齿分度台配合使用可用来检定多面棱体和角度块等角度量具,广泛应用于精密制造、工程机械和电力装备等领域。该标准的建立完善了山东省小角度计量的量值溯源体系,确保了省内计量部门和机械加工行业角度标准器和产品制件小角度量值的准确可靠,为提升制造业核心竞争力,助推山东省从制造大省向制造强省转变提供了技术支撑和保障。

【保存地点】山东省计量科学研究院千佛山园区

【计量标准名称】楔形塞尺校准装置

【证书编号】［2017］鲁量标证字第 176 号

［2017］鲁社量标证字第 C176 号

【技术指标】

测量范围：万能工具显微镜：(100×200) mm

量块：$(0.5 \sim 100)$ mm

数显千分表：$(0 \sim 25)$ mm

不确定度/准确度等级/最大允许误差：

万能工具显微镜：MPE：$\pm (1 + L/100) \mu$m，L-mm

量块：三等

数显千分表：MPE：0.007 mm

【技术能力】国内先进

【服务领域】楔形塞尺是用来测量间隙和孔径尺寸的计量器具，可分为Ⅰ型楔形塞尺、Ⅱ型楔形塞尺和数显楔形塞尺三种，广泛应用于高端装备、土木工程及市政交通等领域。该标准的建立完善了山东省长度计量的量值溯源体系，确保了山东省内机械加工领域产品零部件间隙及孔径量值的准确可靠，为提高产品质量、提升企业核心竞争力提供了重要技术支撑。

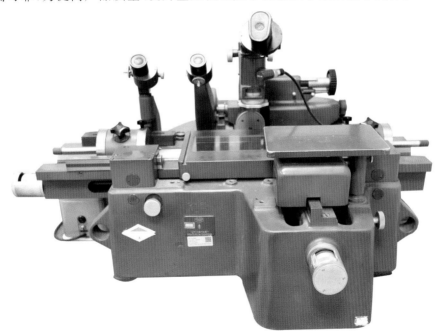

【保存地点】山东省计量科学研究院千佛山园区

【计量标准名称】影像测量仪标准装置

【证书编号】[2011]鲁量标证字第 140 号

[2011]鲁社量标证字第 C140 号

【技术指标】

测量范围:(300×400)mm

不确定度/准确度等级/最大允许误差:

影像测量仪:MPE:$(2+L/200)\mu m, L\text{-}mm$

万能工具显微镜:MPE:$(1+L/100)\mu m, L\text{-}mm$

【技术能力】国内先进

【服务领域】半径样板是一些具有不同半径的标准圆弧薄片,是以比较法检验被检圆弧半径的专用量具,分凸形样板和凹形样板两类,主要用于农业机械和工程机械等领域。该标准的建立完善了山东省工程参量计量的量值溯源体系,采用非接触方式实现了对半径样板的检定工作,确保了机械加工产品制件圆弧参数量值的准确可靠,对于提高农业机械装备和工程机械装备的产品质量和加强质量管理提供了技术支撑。

【保存地点】山东省计量科学研究院千佛山园区

【计量标准名称】影像类测量仪器检定装置

【证书编号】［1988］鲁量标证字第 002 号

　　　　　　［1988］鲁社量标证字第 C002 号

【技术指标】

测量范围:(0~300)mm

不确定度/准确度等级/最大允许误差:二等

【技术能力】国内先进

【服务领域】影像测量仪是采用非接触方式测量复杂形状零件几何尺寸的计量器具,具有定位和测量功能,广泛应用于医疗卫生、汽车制造、海洋工程和科学研究等领域。该标准的建立完善了山东省长度计量的量值溯源体系,确保了省内机械加工领域产品制件尺寸、刻线宽度和间距尺寸等量值的准确可靠,为制造企业提供了现代化的检测手段,为工程机械等传统行业的转型升级提供了重要技术支撑。

【保存地点】山东省计量科学研究院千佛山园区

【计量标准名称】圆度、圆柱度测量仪检定装置

【证书编号】[1998]国量标鲁证字第 056 号

[1998]鲁社量标证字第 Z056 号

【技术指标】

测量范围:(0.05~50)μm

不确定度/准确度等级/最大允许误差:$U_{rel}=3\%$,$k=2$(误差分离)

【技术能力】国内先进

【服务领域】圆度、圆柱度测量仪是用于测量被测件横截面圆度、同心度和端面跳动等参数的测量仪器,可分为传感器回转式和工作台回转式两大类,广泛应用于航空航天、汽车制造、船舶制造等高端装备制造领域。该标准的建立完善了山东省工程参量计量的量值溯源体系,确保了圆度、圆柱度、平面度、直线度和平行度等参数量值的准确可靠,为装备制造企业提高产品质量和助推企业转型升级提供了技术支撑和保障。

【保存地点】山东省计量科学研究院千佛山园区

【计量标准名称】圆柱螺纹量规检定装置

【证书编号】［2007］鲁量标证字第 116 号

　　　　　　［2007］鲁社量标证字第 C116 号

【技术指标】

测量范围：直径：(0～200)mm

不确定度/准确度等级/最大允许误差：

　　　高精度测长仪：MPE：$(0.1+L/2000)\mu m$，L-mm

　　　三针：0 级、1 级

【技术能力】国内先进

【服务领域】圆柱螺纹量规是对内、外圆柱螺纹要素尺寸进行综合检定的计量器具，用于控制螺纹制件的极限尺寸，可分为校对量规、工作量规和验收量规三类，广泛应用于高端装备制造和石油装备等领域。该标准的建立完善了山东省工程参量计量的量值溯源体系，确保了机械加工行业螺纹要素量值的准确可靠，为省内制造企业精密螺纹加工件的质量控制和产品的转型升级提供了技术支撑。

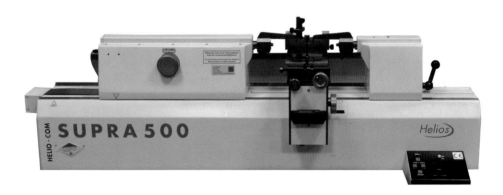

【保存地点】山东省计量科学研究院千佛山园区

【计量标准名称】正多面棱体标准装置

【证书编号】[1986]国量标鲁证字第 072 号

[1986]鲁社量标证字第 Z072 号

【技术指标】

测量范围:$0°\sim360°$

不确定度/准确度等级/最大允许误差:

23 面正多面棱体:二等

12 面正多面棱体:三等

【技术能力】国内先进

【服务领域】光学、数显分度头和光学、数显分度台是精密测角仪器,广泛应用于精密加工、航空航天、船舶工程和高端装备等领域。该标准的建立完善了山东省角度计量的量值溯源体系,确保了机械加工领域齿轮、花键、拉刀和凸轮等配件角度参数量值的准确可靠,为装备制造类企业提升产品质量、助推企业转型升级提供了技术支撑和保障。

【保存地点】山东省计量科学研究院千佛山园区

【计量标准名称】正多面棱体检定装置

【证书编号】［1986］国量标鲁证字第 006 号

　　　　　　［1986］鲁社量标证字第 Z006 号

【技术指标】

测量范围:0°～360°

不确定度/准确度等级/最大允许误差:0 级(多齿分度台)

【技术能力】国内先进

【服务领域】正多面棱体是一种高准确度的角度计量标准器具,分金属材料制造的和非金属材料制造的两种,根据工作角测量不确定度及工作角的偏差大小可分为二等、三等和四等(对应 0 级、1 级和 2 级),广泛应用于机械加工、精密工程和航空航天等领域。该标准的建立完善了山东省角度计量的量值溯源体系,确保了省内计量机构和企业角度标准器量值的准确可靠,为精密制造、工程机械和国家重点工程建设提供了有力的技术支撑和保障。

【保存地点】山东省计量科学研究院千佛山园区

【计量标准名称】直角尺检定装置

【证书编号】〔2011〕鲁量标证字第 145 号

〔2011〕鲁社量标证字第 C145 号

【技术指标】

测量范围:(0~1000)mm

不确定度/准确度等级/最大允许误差:MPE:±0.5 μm

【技术能力】国内先进

【服务领域】直角尺是用于检验和画线的常用量具,可分圆柱直角尺、矩形直角尺和三角形直角尺等,广泛应用于工程机械、轨道交通和军事工业等领域。该标准的建立完善了山东省工程参量计量的量值溯源体系,确保了省内装备制造产品垂直度参数量值的准确可靠,为促进企业产品质量提升,推动装备制造业转型升级提供了重要的技术保障。

【保存地点】山东省计量科学研究院千佛山园区

【计量标准名称】指示量具检定装置

【证书编号】［1988］鲁量标证字第 006 号

　　　　　　［1988］鲁社量标证字第 C006 号

【技术指标】

测量范围：(0～100)mm

不确定度/准确度等级/最大允许误差：

　　　　高精度测长仪：MPE：$\pm 0.25\ \mu m$

　　　　指示表检定仪：

　　　　任意 1 mm 范围内 MPE：1 μm

　　　　任意 2 mm 范围内 MPE：1.5 μm

　　　　任意 10 mm 范围内 MPE：2 μm

　　　　任意 30 mm 范围内 MPE：3 μm

　　　　任意 50 mm 范围内 MPE：6.0 μm

【技术能力】国内领先

【服务领域】指示量具分为指针式和数显式两大类：指针式量具是将测杆的直线位移转变为指针角位移的计量器具，数显式量具是将测杆的直线位移以数字方式显示的计量器具。二者广泛应用于高端装备、精密仪表和工业生产等领域。该标准的建立满足了山东省内对指示量具的检定和校准需求，确保了(0～100)mm长度位移量值的准确可靠，为装备制造和工程机械等领域的产品质量提升提供了重要的技术支撑和保障。

【保存地点】山东省计量科学研究院千佛山园区

【计量标准名称】塞尺检定装置

【证书编号】[2018]鲁量标证字第 185 号

　　　　　　[2018]鲁社量标证字第 C185 号

【技术指标】

测量范围：(0～100)mm

不确定度/准确度等级/最大允许误差：

　　　　万能测长仪：MPE：$\pm(1+L/200)\mu m$

【技术能力】国内先进

【服务领域】塞尺是由不同厚度级差的金属薄片组成的实物量具,多由不锈钢和黄铜等材料制成,主要用来测量零部件的间隙间距,也可用来检测工程机械的平面度和直线度,广泛应用于精密加工、铁路交通、航空航天和土木工程等领域。该标准的建立满足了山东省内对塞尺的检定需求,确保了工程机械加工中各种间隙间距和平面度、直线度参量的准确可靠,为山东省交通运输业、高端装备制造业和各类工程建设提供了计量技术支撑和保障。

【保存地点】山东省计量科学研究院千佛山园区

【计量标准名称】钢筋保护层、楼板厚度测量仪校准装置

【证书编号】［2019］鲁量标法证字第 002 号

　　　　　　［2019］鲁社量标证字第 C002 号

【技术指标】

测量范围:钢筋保护层、楼板厚度测量仪标准块:(12～300)mm;

　　　　　钢筋位置检具:(10～60)mm

　　　　　大理石厚度块:(55～280)mm

不确定度/准确度等级/最大允许误差:$U＝0.1$ mm,$k＝2$

【技术能力】国内先进

【服务领域】钢筋保护层、楼板厚度测量仪是钢筋保护层厚度测量仪和楼板厚度测量仪的统称,该设备采用电磁原理进行无损检测,广泛应用于建筑工程、交通工程等领域中建筑结构实体钢筋保护层的检测和楼板厚度的测量。该标准的建立完善了山东省长度计量的量值溯源体系,满足了山东省内对钢筋保护层、楼板厚度测量仪的校准需求,确保了工程建设领域混凝土结构施工质量检验中长度量值的准确可靠,为山东省各类工程建设提供了计量技术保障。

【保存地点】山东省计量科学研究院千佛山园区

第二章　温度社会公用计量标准

　　温度是表示物体冷热程度的物理量,是测量各种材料特征参数的关键溯源参数之一,也是各种性能测试与研究的重要条件参数。温度的计量单位开尔文(K)是国际单位制中的 7 个基本单位之一,是国际单位制中的基本量。

　　温度的影响无处不在,如在对自然环境的影响方面,人类的无节制排放引起了厄尔尼诺现象和温室效应,同时也影响了整个地球的生态平衡与人类的和谐发展;在对人体的影响方面,生理学家研究认为,30 ℃左右是人体感觉最佳的环境温度,也最接近人体皮肤的温度;在对科学研究的影响方面,在－10 ℃时空气的密度为 1.341 kg/m³,而在 30 ℃时空气的密度为 1.164 kg/m³,这对航空航天及军工领域有着重要影响。

　　温度计量是研究温度领域量值统一,实现测量结果准确一致和量值溯源的科学,是计量学的重要分支之一,在科技和产业活动及人们的日常生活中起着举足轻重的作用,广泛应用于冶金、能源、化工、制造业、电子技术、新材料、医疗卫生、生物制药、气象、航空航天和国防领域。温度计量也渗透到了其他学科研究中,在节能减排、地球温室效应治理、传染性疾病治疗、载人航天、雾霾治理、基因工程等方面发挥了重要作用。

　　温度计量是最古老的计量分支之一,同时也在不断发展之中。国际计量大会于 2018 年 10 月通过了对温度单位开尔文进行重新定义的决议,并于 2019 年 5 月 20 日开始实施。新方法使用玻尔兹曼常数定义温度单位,使人类在历史上首次摆脱了温度单位定义对实物性质的依赖,从根本上解决了现有国际温标的自身缺陷及实际温度测量问题,实现了从极低温度到极高温度范围内的准确测量,从而为一些尖端技术领域(比如高超声速航天器)的温度测量难题提供了解决方案。

经过近半个世纪的发展,山东省计量科学研究院温度计量已建立了 24 项省级社会公用计量标准。未来将进一步完善温度计量量值溯源体系,努力提升计量标准的准确度等级,研究更宽温度范围和特殊环境下的温度量值传递技术,为海洋强国战略、"中国制造 2025"战略、质量强省战略等的顺利实施做出贡献,为助推山东新旧动能转换提供技术支撑和保障。

【计量标准名称】WBGT 指数仪校准装置

【证书编号】[2017]鲁量标证字第 174 号

[2017]鲁社量标证字第 C174 号

【技术指标】

测量范围:(0～130)℃

不确定度/准确度等级/最大允许误差:

$U＝0.24$ ℃$,k＝2$(恒温设备为恒温箱)

$U＝0.09$ ℃$,k＝2$(恒温设备为恒温槽)

【技术能力】国内领先

【服务领域】WBGT 指数仪是用于测试 WBGT 指数,评价高温作业环境热强度大小的计量器具,广泛应用于生物科学、高端装备、新材料、新能源、环境卫生、矿业、建筑等领域。该标准能够满足山东省经济建设中各行业对 WBGT 指数仪溯源的要求,为保障人身健康和安全生产提供技术支撑。

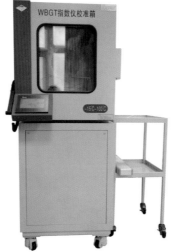

【保存地点】山东省计量科学研究院力诺园区

【计量标准名称】标准水银温度计标准装置

【证书编号】［1988］鲁量标证字第 009 号

　　　　　　［1988］鲁社量标证字第 C009 号

【技术指标】

测量范围:(－30～＋300)℃

不确定度/准确度等级/最大允许误差:标准

【技术能力】国内先进

【服务领域】在温度测量中,中温测量设备数量繁多,包括工作用玻璃液体温度计、电接点玻璃水银温度计、双金属温度计等,广泛应用于生物科学、化学化工、医药、食品、新材料、环保等领域。该标准装置先进、性能稳定,能够满足测量精度在 0.1 ℃ 及以下中温测量设备的溯源要求,是工业和科研温度计量的基础,更是能源计量和实现绿色低碳计量的重要保障。

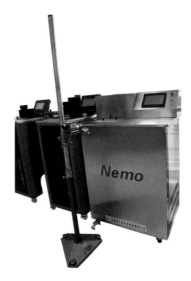

【保存地点】山东省计量科学研究院力诺园区

【计量标准名称】铂铑 10-铂热电偶工作基准装置

【证书编号】［1986］国量标鲁证字第 044 号

　　　　　　［1986］鲁社量标证字第 Z044 号

【技术指标】

测量范围：(419.527～1084.62)℃

不确定度/准确度等级/最大允许误差：标准组

【技术能力】国内领先

【服务领域】标准铂铑 10-铂热电偶是一种标准计量器具，在热电偶系列中准确度较高，物理、化学性能良好，高温下具有良好的抗氧化性能，热电动势的稳定性和复现性较高，广泛应用于新能源、新材料、电力电子、冶金等领域。作为山东省该领域的最高标准，该标准承担了全省一等标准铂铑 10-铂热电偶在(419.527～1084.62)℃温区的量值传递工作，为科学研究、安全生产和质量提升提供了技术保障。

【保存地点】山东省计量科学研究院力诺园区

【计量标准名称】测温二次仪表检定装置

【证书编号】[1988]鲁量标证字第 011 号

　　　　　　[1988]鲁社量标证字第 C011 号

【技术指标】

测量范围:(-200～+1800)℃

不确定度/准确度等级/最大允许误差:

　　　电阻:0.01 级

　　　电压:$U=0.01$ mV,$k=2$

　　　电流:$U=0.008$ mA,$k=2$

【技术能力】国内先进

【服务领域】温度二次仪表是一种工业过程测量和控制仪表,是各行业控温的常用仪器,广泛应用于材料、石油化工、电力电子、纺织、造纸和冶金工业等领域。该标准能够满足山东省各领域对温度二次仪表检定/校准的需求,确保了该类设备的量值准确可靠,为节能减排、质量提升以及安全生产提供了技术保障。

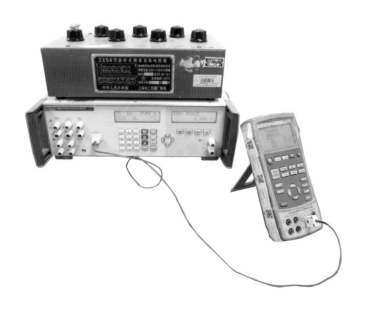

【保存地点】山东省计量科学研究院力诺园区

【计量标准名称】二等铂电阻温度计标准装置

【证书编号】〔1988〕鲁量标证字第 015 号

〔1988〕鲁社量标证字第 C015 号

【技术指标】

测量范围:(-80~+420)℃

不确定度/准确度等级/最大允许误差:二等

【技术能力】国内先进

【服务领域】作为温度传感器,工业用热电阻通常与温度变送器、调节器以及显示仪表等配套使用,组成温度过程控制系统,广泛用于航空航天、石油化工、新能源、新材料、环保、机械制造、智能电子等领域。该标准能够满足山东省各行业对(-80~+420)℃范围内温度传感器检定/校准的需求,确保其技术参数的准确性和量值溯源的可靠性,为省内的安全生产和质量提升提供保障。

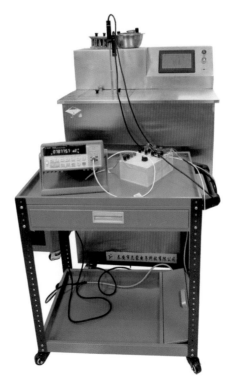

【保存地点】山东省计量科学研究院力诺园区

【计量标准名称】廉金属热电偶校准装置

【证书编号】〔1988〕鲁量标证字第 012 号

〔1988〕鲁社量标证字第 C012 号

【技术指标】

测量范围：(－40～＋1200)℃

不确定度/准确度等级/最大允许误差：一等二等

【技术能力】国内先进

【服务领域】廉金属热电偶是工业生产和科学研究中常用的温度传感器，是监控与测试温度的计量器具，在工业生产中发挥着重要的作用，广泛应用于石化、钢铁、冶金、电力等领域。该标准能够保证廉金属热电偶的测温准确性，有助于使用单位提高控制精度，提升产品质量，为山东省工业的降本增效、节能减排、安全生产提供技术支撑。

【保存地点】山东省计量科学研究院力诺园区

【计量标准名称】二等铂铑 30-铂铑 6 热电偶标准装置

【证书编号】[1988]鲁量标证字第 014 号

[1988]鲁社量标证字第 C014 号

【技术指标】

测量范围:(1100～1500)℃

不确定度/准确度等级/最大允许误差:二等

【技术能力】国内先进

【服务领域】铂铑 30-铂铑 6 热电偶在高温下有很好的抗氧化性能,常用温度可高达 1500 ℃,广泛应用于新能源、新材料、航空航天、冶金等涉及高温的领域。该标准保证了(1100～1500)℃范围内测温和控温的准确性,为安全生产、质量提升提供了技术保障,对节能降耗具有重要意义。

【保存地点】山东省计量科学研究院力诺园区

【计量标准名称】风速表检定装置

【证书编号】[2007]国量标鲁证字第 075 号

　　　　　　　[2007]鲁社量标证字第 Z075 号

【技术指标】

测量范围:(0.2~60.0)m/s

不确定度/准确度等级/最大允许误差:$U_{rel}=2.0\%,k=2$

【技术能力】国内领先

【服务领域】风速表用于监控、测量环境中的空气流速,广泛应用于医疗卫生、环保、气象、消防安全、矿业生产等领域。该标准能够满足山东省各领域对风速测量设备的检定和校准需求,保证风速参数的量值准确可靠,为提高产品质量、实现安全生产和保证实验数据的准确性提供了技术保障。

【保存地点】山东省计量科学研究院力诺园区

【计量标准名称】恒温槽校准装置

【证书编号】[2005]鲁量标证字第 052 号

[2005]鲁社量标证字第 C052 号

【技术指标】

测量范围:(-80～+420)℃

不确定度/准确度等级/最大允许误差:$U=1.4$ mK,$k=2$

【技术能力】国内先进

【服务领域】恒温槽是提供恒定温度的设备,包括低温槽、水槽、油槽、热管槽和盐浴槽等,广泛应用于医药卫生、化学工业、食品工业、冶金工业、遗传工程、高分子工程、计量检定等领域。该标准可以为山东省各领域提供现场校准,对恒温槽的波动性、均匀性等参数进行高精度测量,保证设备技术指标的准确可靠,为各应用领域的安全生产和质量提升提供技术支撑。

【保存地点】山东省计量科学研究院力诺园区

【计量标准名称】红外辐射温度计检定装置

【证书编号】［2004］鲁量标证字第 043 号

　　　　　　［2004］鲁社量标证字第 C043 号

【技术指标】

测量范围:(30～1200)℃

不确定度/准确度等级/最大允许误差:$U_r=0.6\%$,$k=2$

【技术能力】国内先进

【服务领域】辐射温度计是利用普朗克黑体辐射定律,根据热辐射体的辐射特性与其温度之间的函数关系来测量表观温度的仪器,有着响应时间快、非接触、使用安全及寿命长等优点,广泛应用于电力、消防、石化、钢铁、铸造及医疗等领域。该标准有助于保证上述领域辐射温度计量值的准确可靠,既为准确测温提供了保障,也为新技术、新仪器的发展提供了技术支撑。

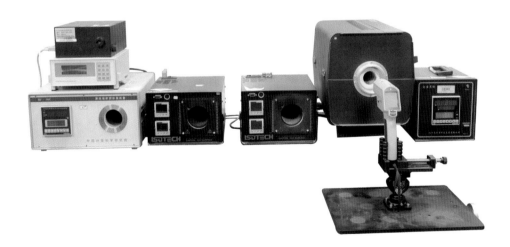

【保存地点】山东省计量科学研究院力诺园区

【计量标准名称】环境试验温度、湿度设备校准装置

【证书编号】［2005］鲁量标证字第 051 号

　　　　　　［2005］鲁社量标证字第 C051 号

【技术指标】

测量范围:温度:($-80\sim+300$)℃

　　　　　湿度:($0\sim100\%$)RH

不确定度/准确度等级/最大允许误差:

　　温度偏差:$U=0.10$ ℃,$k=2$;湿度偏差:$U=1.6\%$RH,$k=2$

　　温度均匀度:$U=0.10$ ℃,$k=2$;湿度均匀度:$U=0.4\%$RH,$k=2$

　　温度波动度:$U=0.05$ ℃,$k=2$;湿度波动度:$U=0.3\%$RH,$k=2$

【技术能力】国内先进

【服务领域】环境温度、湿度试验设备可以产生所需的温度和湿度场,用于干燥、老化试验和低温存储等,广泛应用于新能源、新材料、高端装备、高端化工、信息产业、医疗卫生、现代农业、食品药品、纺织等领域。该标准能够满足山东省各领域对环境温度、湿度试验设备校准的需求,确保该类设备均匀性、波动性等指标的准确可靠,为提高产品质量、保证实验数据的可靠性提供了技术保障。

【保存地点】山东省计量科学研究院力诺园区

【计量标准名称】机械式温湿度计检定装置

【证书编号】[2005]鲁量标证字第 134 号

　　　　　　[2005]鲁社量标证字第 C134 号

【技术指标】

测量范围:温度:(0～50)℃

　　　　　湿度:(20%～90%)RH

不确定度/准确度等级/最大允许误差:

　　　湿度:$U=1.8\%RH,k=2$

　　　温度:$U=0.4℃,k=2$

【技术能力】国内先进

【服务领域】机械式温湿度计用来测量空气中的温湿度,其优点是结构简单,使用方便,价格便宜,在新能源、新材料、现代农业、气象、医疗卫生以及日常生活中有广泛的应用。该标准的技术指标和检测能力能够满足山东省经济建设中各行业对机械式温湿度计的溯源要求,保证了温湿度的准确可靠,为生产和生活提供了技术保障。

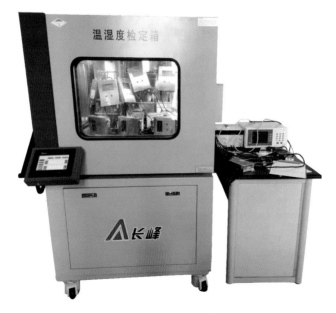

【保存地点】山东省计量科学研究院力诺园区

【计量标准名称】精密露点仪标准装置

【证书编号】[2007]国量标鲁证字第 028 号

　　　　　　[2007]鲁社量标证字第 Z028 号

【技术指标】

测量范围:湿度:(10％～98％)RH

　　　　　露点:(−80～+80)℃

　　　　　温度:(−40～+100)℃

不确定度/准确度等级/最大允许误差:

　　　　　湿度:MPE:±1.0%RH

　　　　　露点:MPE:±0.2 ℃

　　　　　温度:MPE:±0.1 ℃

【技术能力】国内先进

【服务领域】温湿度测量仪表包括露点仪、数字温湿度计、机械式温湿度计等多种仪器,可测试气体的温度和湿度,广泛应用于新能源、新材料、环境卫生、食品药品、航空航天、石油化工等领域。该标准能够满足山东省经济建设中各行业对温湿度测量和控制的要求,保证了湿度量值的准确可靠,为科学研究、安全生产和质量提升提供了技术保障。

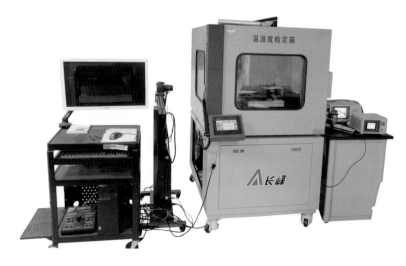

【保存地点】山东省计量科学研究院力诺园区

【计量标准名称】空盒气压表检定装置

【证书编号】［2007］鲁量标证字第 103 号

　　　　　　［2007］鲁社量标证字第 C103 号

【技术指标】

测量范围：(500～1070)hPa

不确定度/准确度等级/最大允许误差：MPE：±0.3 hPa

【技术能力】国内先进

【服务领域】空盒气压表是用金属膜盒作为感应元件的气压表，用来测量大气压力，广泛应用于材料、医疗卫生、气象、军事、航空航天、航海、现代农业、矿业开采等领域。该标准的建立满足了山东省各行业对空盒气压表的检定需求，为确保安全生产、提高产品质量、准确预报天气提供了技术支撑。

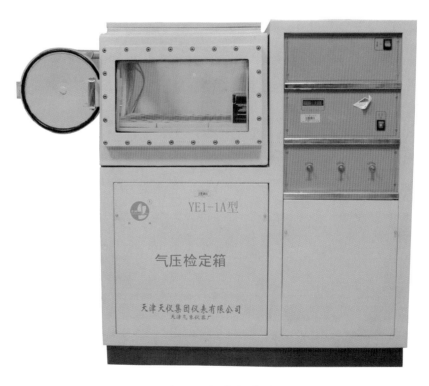

【保存地点】山东省计量科学研究院力诺园区

【计量标准名称】热电阻、热电偶自动测量系统校准装置

【证书编号】［2005］鲁量标证字第 050 号

　　　　　　［2005］鲁社量标证字第 C050 号

【技术指标】

测量范围:热电阻系统:(0～300)℃

　　　　　热电偶系统:(300～1300)℃

不确定度/准确度等级/最大允许误差:

　　　　　热电阻系统:二等标准

　　　　　热电偶系统:一等标准、二等标准

【技术能力】国内先进

【服务领域】热电阻、热电偶自动测量系统有比较高的自动化程度,可以对工业热电阻和工作用热电偶进行检定,广泛应用于新能源、新材料、电力电子、机械制造等领域。该标准能保证石油和天然气输送、锅炉供能等企业相关温度测量的可靠性,提高生产的安全性和准确性,有助于实现绿色低碳的目标。

【保存地点】山东省计量科学研究院力诺园区

【计量标准名称】温度数据采集仪校准装置

【证书编号】[2017]鲁量标证字第 173 号

[2017]鲁社量标证字第 C173 号

【技术指标】

测量范围:(−50～+300)℃

不确定度/准确度等级/最大允许误差:

$U=0.20$ ℃,$k=2$(恒温设备为恒温箱)

$U=0.03$ ℃,$k=2$(恒温设备为恒温槽)

【技术能力】国内先进

【服务领域】温度数据采集仪主要用于冷链运输、杀毒灭菌等领域的温度监测以及工业生产工艺过程的温度验证,在医疗卫生、食品药品、物流等领域有着广泛的应用。该标准能够确保山东省内温度数据采集仪的准确性,对于食品药品等的生产、存储、运输以及高温灭菌具有重要意义,为实现食品安全和保证人民的身体健康提供了技术支撑。

【保存地点】山东省计量科学研究院力诺园区

【计量标准名称】一等铂电阻温度计标准装置

【证书编号】[1988]国量标鲁证字第 064 号

[1988]鲁社量标证字第 Z064 号

【技术指标】

测量范围:(-38.8344～+660.323)℃

不确定度/准确度等级/最大允许误差:一等标准

【技术能力】国内领先

【服务领域】二等标准铂电阻温度计是提供国际温标的内插仪器,在检定校准各种温度计时作为标准器使用,也可直接用于高精度测量,广泛应用于新能源、新材料、航空航天、环保、自动化控制、机械制造、智能电子等领域。该标准能够加强山东省对二等标准铂电阻温度计的监督管理,满足各领域对二等标准铂电阻温度计的检定需求,保证量值传递的准确可靠,为科学研究、节能降耗和质量提升提供技术支撑。

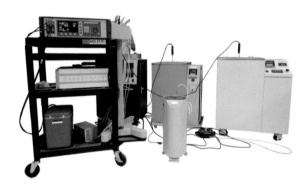

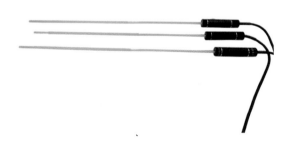

【保存地点】山东省计量科学研究院力诺园区

【计量标准名称】一等铂铑10-铂热电偶标准装置

【证书编号】〔1986〕鲁量标证字第016号

　　　　　　〔1986〕鲁社量标证字第C016号

【技术指标】

测量范围:(419.527～1084.62)℃

不确定度/准确度等级/最大允许误差:一等

【技术能力】国内先进

【服务领域】铂铑10-铂热电偶的各项物理、化学性能良好,在高温下有很好的抗氧化性能,热电动势的稳定性和复现性高,是高温测量中的常用仪器,广泛应用于新能源、新材料、石化、钢铁等领域。该标准满足了山东省二等标准铂铑10-铂热电偶在(419.527～1084.62)℃温区的量值传递工作以及工作用贵金属热电偶和1级廉金属热电偶的检定校准工作的需求,确保了省内该温度区间的量值统一,为企事业单位的安全生产提供了技术支撑。

【保存地点】山东省计量科学研究院力诺园区

【计量标准名称】一等铂铑 30-铂铑 6 热电偶标准装置

【证书编号】〔1986〕国量标鲁证字第 008 号

　　　　　　〔1986〕鲁社量标证字第 Z008 号

【技术指标】

测量范围：(1100～1500)℃

不确定度/准确度等级/最大允许误差：一等标准

【技术能力】国内领先

【服务领域】作为标准计量器具,标准铂铑 30-铂铑 6 热电偶有着良好的物理、化学和抗氧化性能以及较高的热电动势稳定性和复现性,可用于在(1100～1500)℃温区进行温度量值传递。作为山东省该领域的最高标准,其满足了全省二等标准铂铑 30-铂铑 6 热电偶在(1100～1500)℃温区的量值传递工作的需求,确保了该温度区间内温度量值的统一。

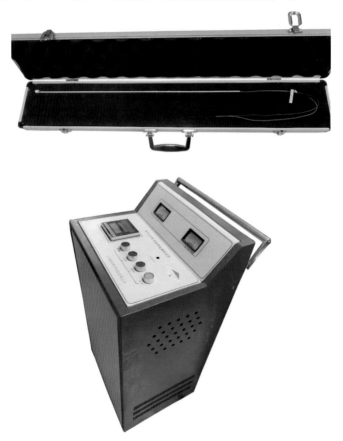

【保存地点】山东省计量科学研究院力诺园区

【计量标准名称】铠装热电偶校准装置

【证书编号】［2018］鲁量标证字第 180 号

　　　　　　［2018］鲁社量标证字第 C180 号

【技术指标】

测量范围：(－40～＋1100)℃

不确定度/准确度等级/最大允许误差：一等

【技术能力】国内先进

【服务领域】铠装热电偶是热电偶丝用无机物绝缘后，再用金属套管封装成铠装偶电缆并制成的适用于各种工业过程温度测量的热电偶，具有能弯曲、耐高压、热响应时间快和坚固耐用等许多优点，广泛应用于石化、钢铁、冶金、电力等领域。该标准能够满足(－40～＋1100)℃温度范围内金属套管长度不小于 50 cm 的 1 级和 2 级铠装热电偶的校准工作的需求，为工业生产的降本增效、节能减排提供了可靠保证。

【保存地点】山东省计量科学研究院力诺园区

【计量标准名称】箱式电阻炉校准装置

【证书编号】[2018]鲁量标证字第 181 号

　　　　　　[2018]鲁社量标证字第 C181 号

【技术指标】

测量范围:(0～1100)℃

不确定度/准确度等级/最大允许误差:

　　　　MPE:±1.5 ℃或±0.4%t(注:取两者中较大值,t 为测量端温度)

【技术能力】国内先进

【服务领域】箱式电阻炉是一种常见形式的电炉,用于提供所需的温度场,广泛应用于陶瓷、冶金、电子、玻璃、化工、机械、耐火材料、新材料开发、特种材料、建材等领域的生产及实验。该标准能够满足山东省各领域对箱式电阻炉校准的需求,确保该类设备的技术指标能够满足设计要求,从而为科研、生产提供了准确可靠的实验数据,为提高产品质量、节能降耗及安全生产提供了技术保障。

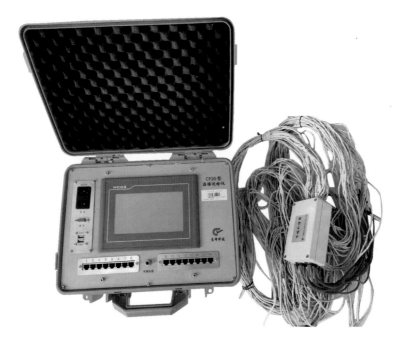

【保存地点】山东省计量科学研究院力诺园区

【计量标准名称】表面温度计校准装置

【证书编号】[2018]鲁量标证字第 182 号

[2018]鲁社量标证字第 C182 号

【技术指标】

测量范围:室温～400 ℃

不确定度/准确度等级/最大允许误差:$U=(0.6～3.3)℃, k=2$

【技术能力】国内先进

【服务领域】表面温度计是用于测量固体表面温度的仪器,由温度传感器和数字式温度指示仪表组成,广泛应用于航空航天、新能源、新材料、化工、纺织和其他需要精确测量表面温度的科研和生产中。该标准能够满足山东省各领域对表面温度计校准的需求,为准确测量固体表面温度,满足生产工艺要求和提高产品质量提供了技术保障。

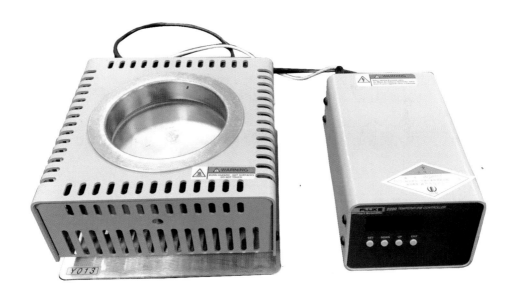

【保存地点】山东省计量科学研究院力诺园区

【计量标准名称】温湿度巡检仪校准装置

【证书编号】［2019］鲁量标鲁法证字第 055 号

　　　　　　［2019］鲁社量标证字第 C055 号

【技术指标】

测量范围：温度：（－80～＋1200）℃

　　　　　湿度：（0～100）％RH

不确定度/准确度等级/最大允许误差：

　　　温度：$U=0.03\ ℃，k=2（-80\ ℃≤t≤400\ ℃）$

　　　　　　$U=0.3\ ℃，k=2（400\ ℃<t≤1200\ ℃）$

　　　湿度：$U=（0.4～0.7）％RH，k=2$

【技术能力】国内先进

【服务领域】该装置广泛应用于农业、食品药品、医疗卫生等领域温/湿度巡检仪的量传。该标准用于测量范围为温度（－80～1200）℃、湿度（0～100％）RH 的温/湿度巡检仪的校准，对保证山东省温/湿度类设备数据的可靠和量值的准确传递具有重要意义。

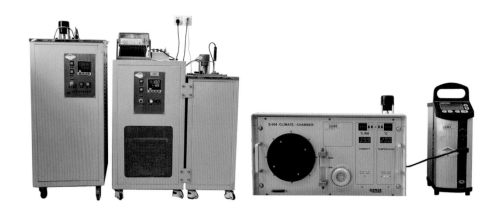

【保存地点】山东省计量科学研究院力诺园区

【计量标准名称】医用热力灭菌设备校准装置

【证书编号】[2019]鲁量标鲁法证字第 012 号

　　　　　　[2019]鲁社量标证字第 C012 号

【技术指标】

测量范围:(-40~140)℃

　　　　　压力:(0~700)kPa

不确定度/准确度等级/最大允许误差:

　　　温度:$U=0.12$ ℃,$k=2$

　　　压力:$U=0.3$ kPa,$k=2$

【技术能力】国内先进

【服务领域】该装置用于校准测量范围为温度(-40~140)℃、压力(0~700)kPa 的灭菌锅、灭菌柜,能够满足电子、冶金、农业、食品药品、医疗卫生、生物工程、科研检测、仓储运输等领域的设备及工艺验证和数据控制的需求。该装置为山东省全省热力灭菌部门提供了技术支撑。

【保存地点】山东省计量科学研究院力诺园区

第三章 力学社会公用计量标准

力学计量是实现力学量单位统一、量值准确可靠的活动,是计量学中发展最早的计量领域之一,也是计量科学的基本分支之一。力学计量的内容极为广泛,包括对质量、力值、扭矩、压力、真空度、硬度、容量、密度、流量、振动、转速、重力加速度等参数的计量。

第一节 质量社会公用计量标准

质量是物体所含物质多少的量度。只要物体存在,就必定有质量。质量是物体的基本属性,其国际计量单位是千克(kg),千克是国际单位制中的7个基本单位之一。

质量计量是由"度量衡"中的"衡"发展而来的,其主要计量器具是砝码和天平。砝码是计量活动中最重要的计量器具之一,不仅可作为标准器具参与质量量值传递和溯源,而且可对天平、衡器等称量类工作计量器具进行校准。天平是各种高精度实验室分析过程中不可缺少的高精度计量仪器设备,目前国际上的天平和质量比较仪的精度已经达到了 $0.1~\mu g$。砝码和天平主要应用于高端装备、新能源、新材料、绿色化工、现代高效农业、生物医药、物理研究、试验评价等领域。

山东省计量科学研究院共建立了 16 项质量省级社会公用计量标准,满足了全省质量计量器具量值传递的要求,为山东省的经济发展和质量提升提供了有力的计量技术支撑。

【计量标准名称】E_1 等级千克砝码标准装置

【证书编号】〔2001〕国量标鲁证字第 003 号

　　　　　　〔2001〕鲁社量标证字第 Z003 号

【技术指标】

测量范围：1 g～20 kg

不确定度/准确度等级/最大允许误差：E_1 等级

【技术能力】国内领先

【服务领域】标准砝码及高精度天平和比较器广泛应用于高端装备、新能源、新材料、绿色化工、现代高效农业、生物医药、物理研究、试验评价等领域。该标准是山东省该领域量值传递系统的最高标准，保证了该领域量值的准确可靠，为生物医药、环境、交通等领域的高端衡器产品研发提供了强有力的测量技术手段。

【保存地点】山东省计量科学研究院千佛山园区

【计量标准名称】E_1 等级毫克组砝码标准装置

【证书编号】［2014］国量标鲁证字第 105 号

　　　　　　［2014］鲁社量标证字第 Z105 号

【技术指标】

测量范围:(1～500)mg

不确定度/准确度等级/最大允许误差:E_1 等级

【技术能力】国内领先

【服务领域】E_2 等级砝码在医药、食品等行业主要用来检校高精度电子天平和质量比较仪,以保证生产过程中原材料称量数据的准确可靠;也广泛应用于新能源、新材料、绿色化工等领域。该标准是山东省量值传递系统的最高标准,确保了量值的准确可靠,为科研院所、生产制造企业等提供了数据支持。

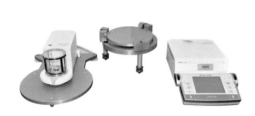

【保存地点】山东省计量科学研究院千佛山园区

【计量标准名称】E_1等级克砝码标准装置

【证书编号】[1990]国量标鲁证字第074号

[1990]鲁社量标证字第Z074号

【技术指标】

测量范围:1 mg～1 g

不确定度/准确度等级/最大允许误差:E_1等级

【技术能力】国内领先

【服务领域】标准砝码及高精度天平和质量比较仪广泛应用于生物医药、绿色化工、新能源、新材料、现代高效农业、试验评价等领域。该标准是山东省质量量值传递系统的最高标准,涵盖了各级计量技术机构及大型企业所用的质量最高标准,确保了量值传递数据的准确可靠,为山东省质量量值传递工作提供了计量保障。

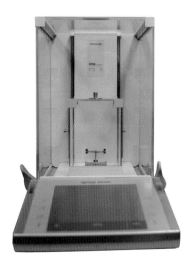

【保存地点】山东省计量科学研究院千佛山园区

【计量标准名称】E_1 等级克组砝码标准装置

【证书编号】[2010]国量标鲁证字第 140 号

　　　　　　[2010]鲁社量标证字第 Z140 号

【技术指标】

测量范围：$(1\sim500)g$

不确定度/准确度等级/最大允许误差：E_1 等级

【技术能力】国内领先

【服务领域】E_2 等级砝码广泛应用于生物医药、食品、绿色化工、新能源、新材料等领域。该标准是以 E_1 等级克组砝码为标准器的标准装置，是山东省质量量值传递系统的最高标准，为山东省质量量值传递工作提供了计量保障，同时为生产制造企业提供了强有力的计量数据支持，保障了企业产品的质量水平。

【保存地点】山东省计量科学研究院千佛山园区

【计量标准名称】E_2等级千克组砝码标准装置

【证书编号】［2018］国量标鲁证字第 196 号

　　　　　　　［2018］鲁社量标证字第 Z196 号

【技术指标】

测量范围:(1～20)kg

不确定度/准确度等级/最大允许误差:E_2等级

【技术能力】国内先进

【服务领域】标准砝码广泛应用于与人民生活息息相关的新能源、新材料、绿色化工、试验评价、智能交通等领域中大质量测量以及大量程电子天平和称重设备的检定校准。该标准是山东省质量量值传递系统的最高标准,保证了省内各地市计量技术机构和大型企业千克组砝码质量量值的准确可靠,为生物医药、环境、交通等领域应用的衡器产品研发和应用提供了测量技术手段。

【保存地点】山东省计量科学研究院千佛山园区

【计量标准名称】E_2等级毫克组砝码标准装置

【证书编号】［2001］鲁量标证字第 074 号

　　　　　　［2001］鲁社量标证字第 C074 号

【技术指标】

测量范围:(1～500)mg

不确定度/准确度等级/最大允许误差:$U=(0.0025～0.0092)$mg,$k=2$

【技术能力】国内先进

【服务领域】毫克组砝码广泛应用于高端装备、新能源、新材料、绿色化工、现代高效农业、生物医药、物理研究、试验评价等领域。该标准为山东省内各地市计量技术机构和生产企业 F_1 及以下等级毫克组砝码质量量值的准确性提供了强有力的计量保障,为生物医药、环境、交通等领域的发展提供了测量技术手段。

【保存地点】山东省计量科学研究院千佛山园区

【计量标准名称】E_2 等级克组砝码标准装置

【证书编号】［2001］鲁量标证字第 073 号

　　　　　　　［2001］鲁社量标证字第 C073 号

【技术指标】

测量范围:$(1\sim500)\mathrm{g}$

不确定度/准确度等级/最大允许误差:$U=(0.01\sim0.34)\mathrm{mg},k=2$

【技术能力】国内先进

【服务领域】该标准检校的工作用计量器具广泛应用在医药科学研究、新能源、新材料、现代高效农业、环境保护检测、食品以及生物制药领域。该标准为山东省内各地市计量技术机构和生产企业确保 F_1 及以下等级克组砝码质量量值的准确性提供了强有力的计量保障,为生物医药、环境、交通等领域的发展提供了强有力的测量技术手段。

【保存地点】山东省计量科学研究院千佛山园区

【计量标准名称】F_1等级大砝码标准装置

【证书编号】［2002］鲁量标证字第 001 号

　　　　　　［2002］鲁社量标证字第 C001 号

【技术指标】

测量范围：20 kg～1000 kg

不确定度/准确度等级/最大允许误差：$U=(0.048\sim1.6)\mathrm{g}$，$k=2$

【技术能力】国内先进

【服务领域】大砝码主要应用于高端装备、交通、电力、矿业、化工、港口等多个领域。该标准主要服务于山东省各地市计量技术机构以及企业 F_2 等级大砝码质量传递检测工作，确保质量传递准确可靠，为生物医药、环境、交通等领域的发展提供了强有力的测量技术手段。

【保存地点】山东省计量科学研究院千佛山园区

【计量标准名称】F_1 等级千克组砝码标准装置

【证书编号】［1988］鲁量标证字第 023 号

　　　　　　［1988］鲁社量标证字第 C023 号

【技术指标】

测量范围：(1～20)kg

不确定度/准确度等级/最大允许误差：$U=2.8$ mg～42 mg，$k=2$

【技术能力】国内先进

【服务领域】标准砝码、天平和比较器广泛应用于生物制药、高端装备、新一代信息技术、新材料、食品、水利、贸易结算等领域。该标准保证了山东省内各地市计量技术机构和大型企业 F_2 及以下等级千克组砝码质量量值的准确可靠，为生物医药、环境、交通等领域应用的衡器产品提供了测量技术手段。

【保存地点】山东省计量科学研究院千佛山园区

【计量标准名称】F_1等级毫克组砝码标准装置

【证书编号】［1988］鲁量标证字第 025 号

　　　　　　［1988］鲁社量标证字第 C025 号

【技术指标】

测量范围:1 mg～500 mg

不确定度/准确度等级/最大允许误差:$U＝(0.0069～0.029)$mg,$k＝2$

【技术能力】国内先进

【服务领域】毫克组砝码广泛应用于新能源、新材料、绿色化工、现代高效农业、生物医药、物理研究、试验评价等领域。该标准为山东省内各地市计量技术机构和生产企业 F_2 及以下等级毫克组砝码质量量值的准确性提供了强有力的计量保障,为环境、交通等领域的发展提供了测量技术手段。

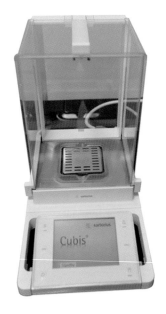

【保存地点】山东省计量科学研究院千佛山园区

【计量标准名称】F_1 等级克组砝码标准装置

【证书编号】［1988］鲁量标证字第 024 号

　　　　　　［1988］鲁社量标证字第 C024 号

【技术指标】

测量范围：$(1\sim500)$g

不确定度/准确度等级/最大允许误差：$U=(0.031\sim0.88)$mg，$k=2$

【技术能力】国内先进

【服务领域】该标准检校的工作用计量器具广泛应用在医药科学研究、新能源、新材料、现代高效农业、环境保护检测、食品以及生物制药领域。该标准为确保山东省内各地市计量技术机构和生产企业 F_2 及以下等级克组砝码质量量值的准确性提供了强有力的计量保障，为环境、交通等领域的发展提供了强有力的测量技术手段。

【保存地点】山东省计量科学研究院千佛山园区

【计量标准名称】F_2 等级大砝码标准装置

【证书编号】[2002]鲁量标证字第 002 号

[2002]鲁社量标证字第 C002 号

【技术指标】

测量范围:(1~2000)kg

不确定度/准确度等级/最大允许误差:$U=5.1$ mg~11.3 g,$k=2$

【技术能力】国内领先

【服务领域】大砝码主要应用于高端装备、绿色低碳交通、电力、矿业、化工、港口等领域。该标准的建立确保了山东省内计重收费、超载检测、贸易结算、衡器生产以及各级计量技术机构数据的准确可靠。

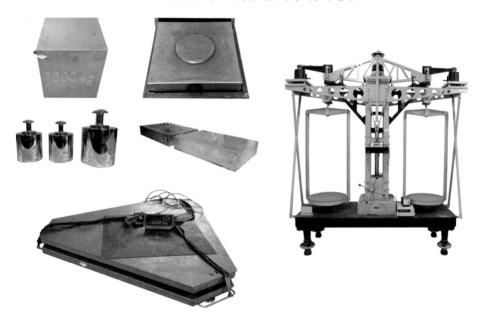

【保存地点】山东省计量科学研究院千佛山园区

【计量标准名称】质量比较仪校准装置

【证书编号】[2016]鲁量标证字第 165 号

　　　　　　[2016]鲁社量标证字第 C165 号

【技术指标】

测量范围:1 mg～2000 kg

不确定度/准确度等级/最大允许误差:$U=0.002$ mg～10 g,$k=2$

【技术能力】国内领先

【服务领域】质量比较仪是高精度砝码或物体质量比较领域的重要设备,广泛应用于高端装备、新能源、新材料、物理研究、试验评价等多个领域。该标准的建立为山东省质量比较仪的测量精确性和可靠性提供了技术支撑,在砝码量值传递中起到了关键的作用,确保了科研单位、法定计量技术机构、校准实验室砝码量值的准确性。

【保存地点】山东省计量科学研究院千佛山园区

【计量标准名称】天平检定装置

【证书编号】[2017]鲁量标证字第 169 号

　　　　　　[2017]鲁社量标证字第 C169 号

【技术指标】

测量范围:1 mg～1000 kg

不确定度/准确度等级/最大允许误差:$U=0.001$ mg～1.6 g,$k=2$

【技术能力】国内先进

【服务领域】天平是定量分析工作中不可缺少的重要仪器,广泛应用于高端装备、新能源、新材料、绿色化工、现代高效农业、生物医药、物理研究、试验评价等领域。该标准可测量分辨力达 0.1 μg 的电子天平,满足了企业在大量程、高精度天平领域中的检测需求,提供了精准的量值溯源服务,有力地保障了天平数据的准确可靠,为山东省定量分析工作提供了有效的技术支撑。

【保存地点】山东省计量科学研究院千佛山园区

【计量标准名称】烘干法水分测定仪检定装置

【证书编号】[2011]鲁量标证字第 147 号

[2011]鲁社量标证字第 C147 号

【技术指标】

测量范围:1 mg～2 kg

不确定度/准确度等级/最大允许误差:

衡量装置:$U=(0.002～1.0)$ mg,$k=2$

烘干装置:$U=0.02\%$,$k=2$

【技术能力】国内领先

【服务领域】水分测定仪是目前基础化验行业使用率较高的计量器具,广泛应用于医药食品、环境卫生、新能源、新材料、绿色化工、现代农业等领域。该标准保障了农业、化工、食品行业的量值准确,为水分测定仪的检校提供了技术支持。

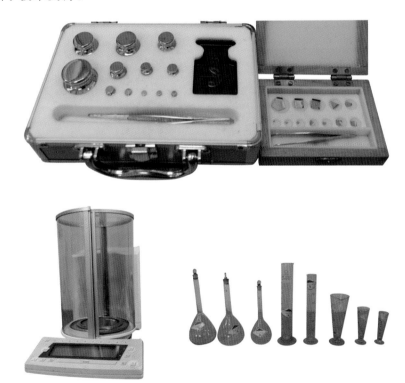

【保存地点】山东省计量科学研究院千佛山园区

【计量标准名称】液体相对密度天平检定装置

【证书编号】[2007]鲁量标证字第 101 号

[2007]鲁社量标证字第 C101 号

【技术指标】

测量范围:0~2.0000

不确定度/准确度等级/最大允许误差:$U=0.00026$ mg,$k=2$

【技术能力】国内领先

【服务领域】液体相对密度天平是液体比重(即相对密度)测量的关键计量设备,广泛应用于精密化工、新能源、新材料、绿色化工、现代农业、新能源转换等领域。该标准的建立为各相关领域过程控制的比重测量和配比提供了可靠的技术支撑,有力地提升了产品质量水平,为制造业企业提高精细化生产的准确性提供了技术保障。

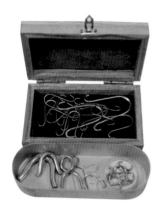

【保存地点】山东省计量科学研究院千佛山园区

第二节　衡器社会公用计量标准

　　衡器是通过衡量物体的重量(所受重力的大小)来测定物体质量的常用计量器具,某些衡器习惯上称为"秤"。衡器按结构原理可分为机械秤、电子秤、机电结合秤 3 大类。目前国内外最常用的电子衡器主要由承载器、称重传感器和称重显示控制仪表 3 部分组成。衡器按照称量原理可分为非自动衡器和自动衡器两大类。

　　衡器产品是广大人民群众日常生活中最常见的计量器具之一,世界上70％以上的贸易都需要通过称重进行。电子计价秤、超市收银秤、电子汽车衡都是最常见的非自动衡器,皮带秤、定量包装秤、混凝土配料秤、自动分检秤和动态汽车衡是常见的自动衡器。衡器用于原材料的动态称重计量和配比,其计量基础数据的准确程度直接影响着制造业产品的质量水平。动态汽车衡用于高速公路计重收费和路桥超载检测等领域。衡器计量为贸易结算、产品制造、智能交通和能源计量等重要的民生领域提供了精准的量值溯源服务。衡器在保证贸易公平、控制产品质量、降低能源消耗、保障交通安全等领域发挥着关键作用。

　　山东省计量科学研究院的衡器计量水平居于国内领先地位,目前共建立了 4 项省级社会公用计量标准。山东省计量科学研究院设有国家衡器产品质量监督检验中心,同时是全国衡器计量技术委员会的挂靠单位。

【计量标准名称】自动衡器检定装置

【证书编号】[2007]鲁量标证字第 099 号

[2007]鲁社量标证字第 C099 号

【技术指标】

测量范围:重力式自动装料衡器:0.1 g～100 t

非连续累计自动衡器:50 kg～100 t

连续累计自动衡器(皮带秤):(0～6000)t/h

核子皮带秤:(0～1000)t/h

不确定度/准确度等级/最大允许误差:

重力式自动装料衡器:$U_{rel}=0.036\%～0.12\%,k=2$

非连续累计自动衡器:

自动称量:$U_{rel}=0.012\%～0.037\%,k=2$

非自动称量:$U=0.5 mg～5 kg,k=2$

连续累计自动衡器(皮带秤):$U_{rel}=0.030\%～0.073\%,k=2$

核子皮带秤:$U_{rel}=0.030\%～0.065\%,k=2$

【技术能力】国内领先

【服务领域】自动衡器一般用于原材料的动态称重计量和配比,广泛应用于新能源、新材料、绿色化工、现代农业、物流产业等领域,其计量基础数据的准确程度可直接影响制造业企业的产品质量水平。该装置采用了具有国际先进水平的"自动衡器物料循环试验系统",符合国际法制计量组织(OIML)提出的国际建议和国家标准的要求,提升了山东省自动衡器产品的质量水平,助推了国内衡器产业提质增效、转型升级。

【保存地点】山东省计量科学研究院德州园区

【计量标准名称】动态公路车辆自动衡器检定装置

【证书编号】[2004]鲁量标证字第042号

　　　　　　[2004]鲁社量标证字第C042号

【技术指标】

测量范围:单轴计量:(0~50)t;车辆总重计量:(0~150)t

不确定度/准确度等级/最大允许误差:

　　　　静态:$U=50$ mg~1.5 kg,$k=2$

　　　　动态:$U=37$ kg,$k=2$

【技术能力】国内领先

【服务领域】动态公路车辆自动衡器主要安装于高速公路、国道省道、超限超载检测站和桥梁上,用于对行驶车辆进行计重收费和超载检测。动态公路自动衡器检定装置广泛应用于高速公路计重检测、超限超载检测和桥梁超限检测等领域。该标准确保了计重收费和超载检测的车辆重量数据的准确可靠,为公路治理超限超载提供了技术支撑,为高速公路计重收费的稳定运行提供了计量保障,是山东省"十三五"智慧交通建设的重要组成部分,为构建畅行齐鲁的大交通系统做出了重要贡献。

【保存地点】山东省计量科学研究院德州园区

【计量标准名称】非自动衡器检定装置

【证书编号】[2007]鲁量标证字第 100 号

　　　　　　[2007]鲁社量标证字第 C100 号

【技术指标】

测量范围:非自行指示秤:10 kg～50 t

　　　　　模拟指示秤:(4～120)kg

　　　　　数字指示秤:3 kg～200 t

不确定度/准确度等级/最大允许误差:

　　　　　非自行指示秤:$U=0.9$ g～2.2 kg,$k=2$

　　　　　模拟指示秤:$U=(1.7～42)$g,$k=2$

　　　　　数字指示秤:$U=0.09$ g～5.8 kg,$k=2$

【技术能力】国内先进

【服务领域】非自动衡器是使用率很高的计量器具之一,是贸易结算的重要工具,广泛应用于新能源、新材料、绿色化工、现代农业、煤炭、物流等领域。该检定装置测量范围广,可以满足 200 t 大量程衡器领域的检校需求。该标准的建立保障了山东省非自动衡器数据的准确可靠,在控制产品质量、降低物品消耗、提高劳动效率、保护正当商贸方面发挥了关键作用,为山东省衡器检测提供了有效的技术支撑。

【保存地点】山东省计量科学研究院千佛山园区

【计量标准名称】称重显示器检定装置

【证书编号】[2007]鲁量标证字第 112 号

　　　　　　[2007]鲁社量标证字第 C112 号

【技术指标】

测量范围:检定分度数:100～10000

不确定度/准确度等级/最大允许误差:$U=0.001\%～0.012\%,k=2$

【技术能力】国内先进

【服务领域】作为非自动衡器的主要零部件,称重显示器用于电子台秤、电子案秤、电子汽车衡等数字指示秤的称重显示,广泛应用于新能源、新材料、绿色化工、现代农业、煤炭、物流等领域。该装置保障了山东省称重显示数据的准确可靠,为非自动衡器检定工作提供了有效的技术支撑。

【保存地点】山东省计量科学研究院千佛山园区

第三节 压力、真空社会公用计量标准

压强是指垂直、均匀作用在物体单位面积上的力,工程上习惯称之为"压力"。凡是利用液体或气体作为动力、传递介质、燃烧体,都需要各种压力仪器仪表来指示出压力的大小和变化等情况,以保证生产和科研工作能顺利进行。所以,压力计量在工农业生产、国防建设、医疗卫生、安全防护、高端装备制造、新能源、新材料及人民日常生活的各个领域中得到了广泛的应用。压力参数不仅是重要的过程控制量,而且是关系到设备安全运行的关键参数。

随着我国国民经济的飞速发展,目前对动态压力、在线压力、压力自动控制和远程测量,以及在高温、低温、冲击加速度和磁场等特定条件下的压力测量都提出了新的要求。

真空度就是空间中气态物质的稀薄程度。气体的压力越低,其稀薄程度越大,也就是真空度越高。在真空技术中,由于真空度和压力有关,所以真空度的度量单位是用压强来表示的。真空计量解决了真空应用中的真空测量和校准问题,为真空应用提供了计量服务和技术保障,已广泛应用于高端装备、新能源、新材料、绿色化工、生物医药、物理研究等领域。

山东省计量科学研究院现已建立压力、真空省级社会公用计量标准8项,这是山东省所有压力、真空工作用计量器具量值溯源的源头,也是实现全省压力、真空测量准确与量值统一的保障。

【计量标准名称】0.01 级数字压力发生器标准装置

【证书编号】[2013]鲁量标证字第 154 号

　　　　　　[2013]鲁社量标证字第 C154 号

【技术指标】

测量范围:(−0.1～7)MPa（表压、绝压）

不确定度/准确度等级/最大允许误差:0.01 级

【技术能力】国内先进

【服务领域】数字压力计、压力变送器等计量器具广泛应用于新一代高端装备、新能源、新材料、绿色化工、生物医药、核工业、航空航天等领域。该标准不仅可以实现压力的精准测量,而且可以实现对检测过程的自动控制,满足了企业对高精度压力变送器的大量检测需求,有力地保障了山东省电力、西气东输等大型项目数据的准确可靠。

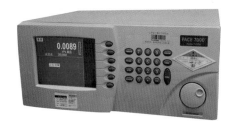 

【保存地点】山东省计量科学研究院千佛山园区

【计量标准名称】0.02 级活塞式压力计标准装置

【证书编号】［1986］鲁量标证字第 005 号

　　　　　　［1986］鲁社量标证字第 C005 号

【技术指标】

测量范围：(0.04～250)MPa

不确定度/准确度等级/最大允许误差：0.02 级

【技术能力】国内领先

【服务领域】活塞式压力计等计量器具广泛应用于新一代高端装备、新能源、新材料、绿色化工、生物医药、核工业、航空航天等领域。该标准可满足山东省对高压力测量的需求，确保了山东省压力量值的准确统一，保障了各行业的安全生产。

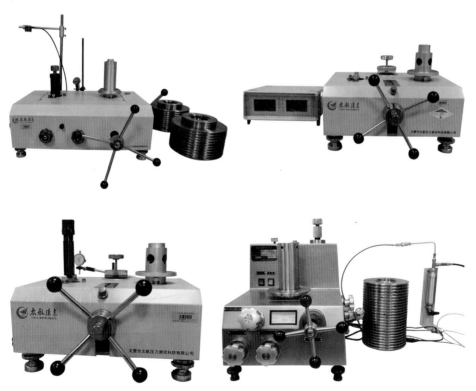

【保存地点】山东省计量科学研究院千佛山园区

【计量标准名称】0.005 级活塞式压力计标准装置

【证书编号】[1992]国量标鲁证字第 099 号

[1992]鲁社量标证字第 Z099 号

【技术指标】

测量范围:(−0.1~100)MPa

不确定度/准确度等级/最大允许误差:0.005 级

【技术能力】国内先进

【服务领域】活塞式压力计等计量器具广泛应用于新一代高端装备、新能源、新材料、绿色化工、生物医药、核工业、航空航天等领域。压力测量和监控不仅涉及产品和生产质量,而且对保证安全生产也起着关键作用。该标准满足了山东省对高精度压力计量的溯源需求,是山东省压力量值溯源的源头,也是压力计量的最高标准,保障了山东省压力量值的准确可靠。

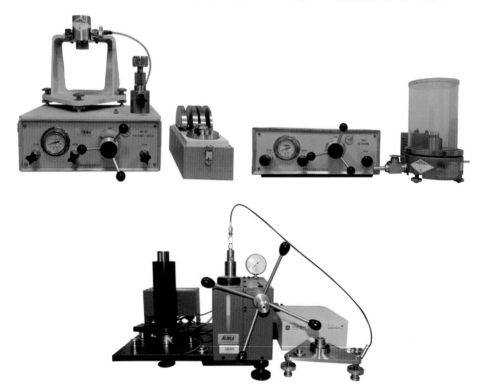

【保存地点】山东省计量科学研究院千佛山园区

【计量标准名称】0.05 级活塞式压力计标准装置

【证书编号】[1988]鲁量标证字第 021 号

　　　　　　[1988]鲁社量标证字第 C021 号

【技术指标】

测量范围:(-0.1~60)MPa

不确定度/准确度等级/最大允许误差:0.05 级

【技术能力】国内先进

【服务领域】压力表和压力变送器是最基础的压力测量器具,广泛应用于新一代高端装备、新能源、新材料、绿色化工、生物医药、核工业、航空航天等领域。工艺流程各关键环节必须设置压力变送器等工作用计量器具,以监控生产是否正常进行。这些仪表的量值是否准确在安全生产和过程控制中发挥着举足轻重的作用。该标准确保了山东省工业生产的顺利进行。

【保存地点】山东省计量科学研究院千佛山园区

【计量标准名称】全自动压力校验标准装置

【证书编号】[2009]鲁量标证字第 129 号

　　　　　　[2009]鲁社量标证字第 C129 号

【技术指标】

测量范围:(-0.1~60)MPa

不确定度/准确度等级/最大允许误差:0.05 级

【技术能力】国内领先

【服务领域】压力表是最基础的压力测量器具,广泛应用于新一代高端装备、新能源、新材料、绿色化工、生物医药、核工业、航空航天等领域。压力表等工作用压力计量器具是工业生产中最常见的计量器具,应用普遍,在工艺流程、安全防护等领域发挥着重要作用。通过该标准可对压力表进行全自动检校,保证了工业生产的顺利进行。

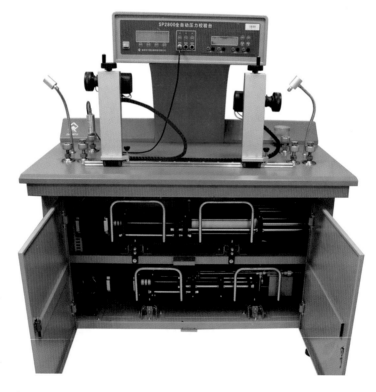

【保存地点】山东省计量科学研究院千佛山园区

【计量标准名称】一等补偿式微压计标准装置

【证书编号】[1986]国量标鲁证字第 018 号

　　　　　　[1986]鲁社量标证字第 Z018 号

【技术指标】

测量范围:(-2500~2500)Pa

不确定度/准确度等级/最大允许误差:一等

【技术能力】国内领先

【服务领域】微压计广泛应用于新一代高端装备、新能源、新材料、绿色化工、冶金、生物医药等领域。随着经济的发展和科技的进步,微压测量的应用越来越广泛。该标准满足了食品、医药、科研等行业微压测量的需要,保证了微压数据的准确可靠。

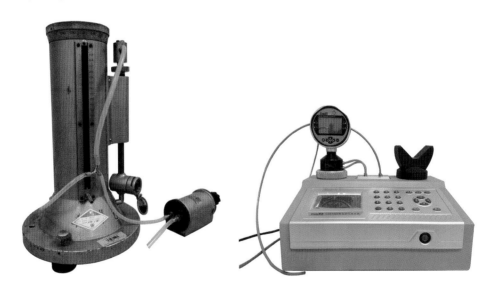

【保存地点】山东省计量科学研究院千佛山园区

【计量标准名称】液位计检定装置

【证书编号】[2017]鲁量标证字第 170 号

[2017]鲁社量标证字第 C170 号

【技术指标】

测量范围:(0～20)m

不确定度/准确度等级/最大允许误差:$U=0.2$ mm,$k=2$ 或 0.01 级

【技术能力】国内先进

【服务领域】液位计是贸易结算和过程控制工作中不可缺少的重要测量仪器,广泛应用于高端装备、新能源、新材料、绿色化工、生物医药、物理研究等领域。该标准满足了企业宽量程、高精度的液位检测需求,有力地保障了山东省相关单位物位、液位数据的准确可靠,为贸易结算、安全防护、生产工艺等工作提供了有效的技术支撑。

【保存地点】山东省计量科学研究院德州园区

【计量标准名称】比较法真空标准装置

【证书编号】［2014］国量标鲁证字第 157 号

　　　　　　［2014］鲁社量标证字第 Z157 号

【技术指标】

测量范围：1×10^{-3} Pa～1×10^{5} Pa

不确定度/准确度等级/最大允许误差：$U_{rel} = 5\% \sim 0.3\%, k = 2$

【技术能力】国内领先

【服务领域】真空测量设备广泛应用于新一代高端装备、新能源、新材料、绿色低碳、生物医药等领域。该标准解决了真空应用中的测量和校准问题，为山东省光伏和制药等企业提供了精准的量值溯源服务，有力地保障了山东省真空检测量值的准确可靠。

【保存地点】山东省计量科学研究院千佛山园区

第四节　力值、扭矩、硬度社会公用计量标准

一、力值

力是物体之间的相互作用。也就是说,单个物体不能产生力,只有两个以上的物体之间才有力存在。力可以使物体的运动状态发生变化,即产生加速度,这种效应叫作力的"动力效应"或"外效应";而使物体发生变形的效应叫作力的"静力效应"或"内效应"。在一般情况下,两物体相互作用时,两种效应同时存在,只是往往以一种效应为主而已。力是一个矢量,要完全确定一个力,就必须知道它的大小、方向和作用点,这也是力的三要素。

在国际单位制(SI)中,力的单位为"牛顿",简称"牛",符号为 N。其定义是:加在质量为 1 kg 的物体上,使之产生 1 m/s^2 加速度的力为 1 N。以前我国广泛使用的计量单位"千克力"为非法定计量单位,现在按照规定是不允许使用的。根据力的大小,力的常用单位还有千牛(kN)、兆牛(MN)、毫牛(mN)等。

力的测量方法很多,如可用力平衡法来测力,也可以用与力成比例的各种物理效应(如弹性和压磁、压电等效应)来测力。尽管方法很多,但均可归纳为用力的动力效应和力的静力效应这两种方法来测力。利用力的动力效应测量力的设备有静重式力标准机、杠杆式力标准机、液压式力标准机和部分材料试验机,利用力的静力效应测量力的设备有百分表式测力仪、水银箱式测力仪和各种力传感器。

常用的力值计量仪器有传感器式测力仪、机械式环形测力仪、弹簧测力计和压力表,以及配有测力装置的各种试验设备。

二、扭矩

使物体转动的力偶或力矩称为"扭转力矩"或"转动力矩",简称"扭矩"。物体在扭矩作用下转动的中心称为"矩心",矩心到力作用线的垂直距离称为"力臂"。扭矩就是力和力臂的乘积。扭矩的正负规定如下:使物体逆时针方向转动的扭矩为正,反之为负。

在国际单位制中,力的单位是牛顿,长度的单位是米,所以扭矩的单位

是牛顿·米,简称"牛·米",符号为"Nm"。

常用的扭矩计量仪器有扭矩机、扭矩仪、扭转试验机和扭矩扳子等。其中,扭矩仪按其工作原理可以分为千分表式、磁电式、应变式和机械式,最常见的是应变式和机械式。

三、硬度

硬度本身不是一个物理量,而是表征材料的一种机械性能。硬度是材料抵抗变形的能力,材料抵抗变形能力强的,其硬度就高,反之硬度就低。

由于硬度不是一个物理量,因此其单位与实验方法有关,即采用的实验方法不同,表示硬度的单位也不同。常见的硬度单位有布氏硬度(HB)、洛氏硬度(HR)、表面洛氏硬度(HR)、维氏硬度(HV)、显微硬度(HV)、肖氏硬度(HS)、里氏硬度(HL)等,另外还有塑料布氏硬度、塑料邵氏硬度、橡胶硬度、土壤硬度和果品硬度等。每种硬度都有自己的度量单位。

确定材料的硬度可采用多种方法,最常用的是静力压入法,其次是动力法。所谓"静力压入法"是将硬质材料制成的压入体(俗称"压头")在一定的静力作用下,压入被测试件表面,在被测试件表面留下一个压痕,由压痕的大小或深度来确定材料的硬度。根据压头形状及压痕测量方法的不同,静力压入法又分为布氏硬度试验法、洛氏及表面洛氏硬度试验法、维氏及显微硬度试验法等。所谓"动力法"是在动力作用下使压头冲击被测试件来确定材料的硬度。在动力法中,以弹性回跳为测试指标的肖氏硬度试验法和里氏硬度试验法应用最为广泛。

常用的硬度计量器具主要就是按照不同试验方法制造的硬度计和为量值传递使用的标准硬度块。其中,最常用的是布氏硬度计、洛氏硬度计、维氏硬度计和里氏硬度计。

以上力值、扭矩、硬度计量器具包括用于量值传递的标准计量器具和用于检验材料力学性能、整机或部件质量的工作用计量器具,广泛应用于高端装备、新能源、新材料、绿色化工、铁路交通等领域。

目前,山东省计量科学研究院建有测力机标准装置、硬度计检定装置、扭矩标准装置等省级社会公用计量标准35项,力值最大测量上限达10 MN,扭矩测量上限达2000 Nm,可满足省内的量值传递需求,为科技创新和经济发展提供了保障。

【计量标准名称】杠杆式力标准机标准装置

【证书编号】[2009]国量标鲁证字第 059 号

　　　　　　[2009]鲁社量标证字第 Z059 号

【技术指标】

测量范围:1 kN～500 kN

不确定度/准确度等级/最大允许误差:

　　　　(1～50)kN:0.005 级

　　　　(10～500)kN:0.01 级

【技术能力】国内领先

【服务领域】测力仪用于力值计量的量值传递和材料、构件的力学性能检验,广泛应用于高端装备制造、新能源、新材料和高端化工等领域;称重传感器是天平、秤和衡器的核心组件,其性能优劣直接影响着上述产品的质量。该标准除了满足山东省内测力仪的量值溯源需求外,还用于称重传感器的检验;作为国家衡器产品监督检验的关键设备之一,该标准还承担着称重传感器的监督抽查检验和型式评价工作,为保证山东省内力值的准确可靠,提高称重传感器的质量提供了技术保障。

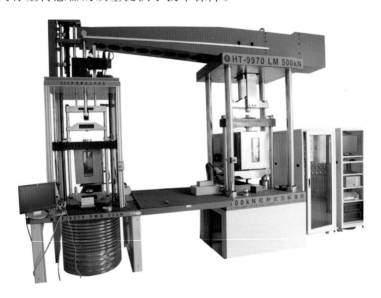

【保存地点】山东省计量科学研究院千佛山园区

【计量标准名称】杠杆式力标准机标准装置

【证书编号】［1986］国量标鲁证字第 041 号

　　　　　　［1986］鲁社量标证字第 Z041 号

【技术指标】

测量范围：1 kN～60 kN

不确定度/准确度等级/最大允许误差：0.03 级

【技术能力】国内领先

【服务领域】测力仪不仅用于计量部门的量值传递，还广泛应用于汽车、冶金、化工、建筑建材、机械制造等领域。该标准服务于各计量机构和科研单位以及称重传感器、力传感器等生产厂家，满足了测力仪、力传感器的检定校准工作需求，为山东省内力值测量仪器量值传递的准确可靠提供了技术支持。

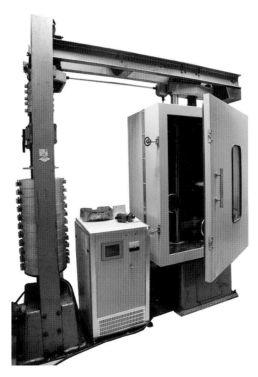

【保存地点】山东省计量科学研究院千佛山园区

【计量标准名称】叠加式力标准机标准装置

【证书编号】[1991]国量标鲁证字第 086 号

[1991]鲁社量标证字第 Z086 号

【技术指标】

测量范围:50 kN～2000 kN

不确定度/准确度等级/最大允许误差:0.1 级

【技术能力】国内领先

【服务领域】测力仪是保证产品质量和生产安全的重要设备,广泛应用于高端装备制造、新能源、新材料、高端化工、建筑等领域。该标准很好地满足了山东省内测力仪和力传感器的检校需求,在量值传递和溯源工作中起着重要的作用。

【保存地点】山东省计量科学研究院千佛山园区

【计量标准名称】静重式力标准机标准装置

【证书编号】[1986]国量标鲁证字第 039 号

　　　　　　[1986]鲁社量标证字第 Z039 号

【技术指标】

测量范围：0.1 kN～6 kN

不确定度/准确度等级/最大允许误差：0.01 级

【技术能力】国内先进

【服务领域】测力仪器主要用于测量力值和材料及构件的力学性能试验，广泛应用于高端装备制造、新能源、新材料和高端化工等领域。该标准准确度等级高、稳定性好，多次用于科研单位研发的专用设备的验收测试，广泛服务于各厂矿企业、计量机构和科研单位。

【保存地点】山东省计量科学研究院千佛山园区

【计量标准名称】静重式力标准机标准装置（小）

【证书编号】［1988］鲁量标证字第 066 号

　　　　　　［1988］鲁社量标证字第 C066 号

【技术指标】

测量范围:(0.2～1000)N

不确定度/准确度等级/最大允许误差:0.01 级

【技术能力】国内先进

【服务领域】力值测量仪器主要用于力值的量值传递和力学性能试验,广泛应用于高端装备制造、新能源、新材料和高端化工等领域。该标准具有系统准确度等级高、稳定性好等特点,广泛服务于各厂矿企业、计量机构和科研单位,满足了山东省内对力值计量的需求。

【保存地点】山东省计量科学研究院千佛山园区

【计量标准名称】0.1 级测力仪标准装置

【证书编号】［2015］国量标鲁证字第 171 号

　　　　　　［2015］鲁社量标证字第 Z171 号

【技术指标】

测量范围：2 N～2 MN

不确定度/准确度等级/最大允许误差：0.1 级

【技术能力】国内领先

【服务领域】材料试验机包括拉力试验机、压力试验机和万能试验机等，主要用于检验整机、构件和材料的力学性能，广泛应用于高端装备制造、建筑、交通、机械、冶金等领域。该标准装置全部由高精度力传感器组成，用于0.5 级试验机的检校工作，还承担着全国新型材料试验机的型式评价实验工作，为提高材料试验机产品的质量及量值的准确可靠程度提供了保障。

【保存地点】山东省计量科学研究院千佛山园区

【计量标准名称】0.3级测力仪标准装置

【证书编号】[1986]国量标鲁证字第017号

[1986]鲁社量标证字第Z017号

【技术指标】

测量范围:2 N~10 MN

不确定度/准确度等级/最大允许误差:0.3级

【技术能力】国内领先

【服务领域】材料试验机包括拉力试验机、压力试验机和万能试验机,主要用于材料的力学性能测试,广泛应用于建筑、交通、机械、冶金、高端装备制造等领域。该标准满足了山东省内对试验机的检校需求,保证了山东省内试验机量值的准确可靠。

【保存地点】山东省计量科学研究院千佛山园区

【计量标准名称】摆锤式冲击试验机检定装置

【证书编号】[1988]鲁量标证字第 022 号

　　　　　　　[1988]鲁社量标证字第 022 号

【技术指标】

测量范围:(0～750)J

不确定度/准确度等级/最大允许误差:

摆锤初始势能测量不确定度:$U_{rel}＝0.12\%$,$k＝2$(直接测量法)

冲击值测量不确定度:$U_{rel}＝7.9\%$,$k＝2$(间接测量法)

【技术能力】国内先进

【服务领域】摆锤式冲击试验机是对金属和非金属材料在动负荷下抵抗冲击能力的检测,以便判断材料在动负荷下的力学特性,广泛应用于建筑、交通、机械、冶金、高端装备制造等领域。该标准满足了山东省内对摆锤式冲击试验机的检校需求,对促进工业和科学技术的发展具有重要意义。

【保存地点】山东省计量科学研究院千佛山园区

【计量标准名称】引伸计检定装置

【证书编号】[2013]鲁量标证字第 150 号

　　　　　　[2013]鲁社量标证字第 C150 号

【技术指标】

测量范围:0~25 mm

不确定度/准确度等级/最大允许误差:

　　　测量范围不超过 0.3 mm 时,MPE:$\pm 0.5~\mu m$

　　　测量范围超过 0.3 mm 时,MPE:$\pm 0.15\%$

【技术能力】国内先进

【服务领域】引伸计是测量构件及其他物体两点之间因受力而产生线变形的一种仪器,主要用于配套材料试验机,检验材料和构件的力学性能,广泛应用于高端装备制造、建筑、交通、机械、冶金等领域。该标准装置主要用于不同标距和不同使用环境下各类引伸计的检定和校准。

【保存地点】山东省计量科学研究院千佛山园区

【计量标准名称】扭矩机标准装置

【证书编号】[2006]鲁量标证字第 097 号

　　　　　　[2006]鲁社量标证字第 C097 号

【技术指标】

测量范围:(0~20000)Nm

不确定度/准确度等级/最大允许误差:MPE:±0.3%

【技术能力】国内先进

【服务领域】扭矩仪广泛应用于高端装备制造、工业生产、宇宙开发、海洋探测、环境保护、资源调查、汽车制造业等领域。该标准装置服务于各计量机构、科研单位以及扭矩仪器生产企业,保障了计量器具的精度与量值传递的准确可靠,为山东省扭矩测量仪器的量值溯源提供了技术保障。

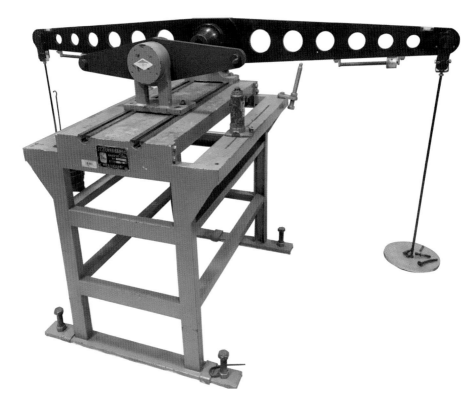

【保存地点】山东省计量科学研究院千佛山园区

【计量标准名称】扭矩扳子检定装置

【证书编号】[2006]鲁量标证字第 096 号

　　　　　　[2006]鲁社量标证字第 C096 号

【技术指标】

测量范围:(0.1~3000)Nm

不确定度/准确度等级/最大允许误差:1.0 级

【技术能力】国内先进

【服务领域】扭矩扳子广泛应用于电力、轻工、机械、汽车、船舶、飞机等高端装备制造行业,是保证产品装配质量的重要保证。该检定装置用于计量部门及相关企事业单位扭矩扳子的检定和校准,对保证扭矩量值传递的准确可靠和各类安装工程的质量起到了至关重要的作用。

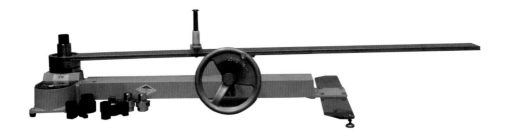

【保存地点】山东省计量科学研究院千佛山园区

【计量标准名称】布氏硬度计检定装置

【证书编号】[1988]鲁量标证字第 017 号

　　　　　　[1988]鲁社量标证字第 C017 号

【技术指标】

测量范围:≤125,125<HBW≤225,>225

不确定度/准确度等级/最大允许误差:$U_{rel}=2.0\%\sim3.0\%$,$k=2$

【技术能力】国内先进

【服务领域】布氏硬度计主要用于铸铁、钢材、有色金属及软合金等材料的硬度测定,具有较高的测量精度;压痕面积大,能在较大范围内反映材料的平均硬度,广泛应用于冶金、机械、高端装备制造等领域。该装置保证了山东省内布氏硬度量值的准确可靠,满足了客户的溯源需求。

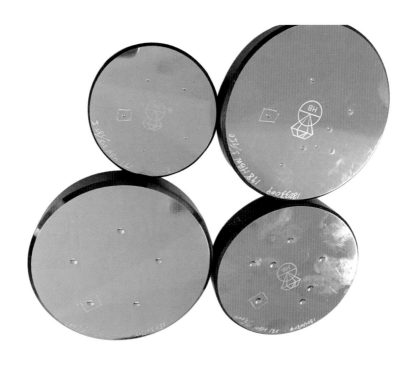

【保存地点】山东省计量科学研究院千佛山园区

【计量标准名称】洛氏硬度计检定装置

【证书编号】〔1988〕鲁量标证字第 020 号

　　　　　　〔1988〕鲁社量标证字第 C020 号

【技术指标】

测量范围:(80~88)HRA,(85~100)HRB,(20~70)HRC

不确定度/准确度等级/最大允许误差:$U＝(0.38~0.70)$HR,$k＝2$

【技术能力】国内先进

【服务领域】金属洛氏硬度计是测量材料洛氏硬度的仪器,采用一定的试验力将压头压入材料,以压痕的塑性变形深度来确定硬度值,广泛应用于冶金、机械、高端化工、高端装备制造等领域。该装置保证了山东省内洛氏硬度量值的准确可靠,满足了客户的溯源需求。

【保存地点】山东省计量科学研究院千佛山园区

【计量标准名称】表面洛氏硬度计检定装置

【证书编号】[1988]鲁量标证字第 018 号

[1988]鲁社量标证字第 C018 号

【技术指标】

测量范围：(70～94)HR15N,(42～86)HR30N

(67～93)HR15T,(29～82)HR30T

不确定度/准确度等级/最大允许误差：$U=(0.69～0.92)HR,k=2$

【技术能力】国内先进

【服务领域】表面洛氏硬度计是金属洛氏硬度计的一种,采用更小的试验力,用于测试普通洛氏硬度计无法测试的细、小、薄试样,具有表面硬化层的工件及要求压痕尽量小的工件的洛氏硬度值,广泛应用于冶金、机械、高端化工、高端装备制造等领域。该装置保证了山东省硬度量值的统一及数据的准确可靠,满足了山东省内表面洛氏硬度计的溯源需求。

【保存地点】山东省计量科学研究院千佛山园区

【计量标准名称】维氏硬度计检定装置

【证书编号】[1988]鲁量标证字第 019 号

[1988]鲁社量标证字第 C019 号

【技术指标】

测量范围:≤225 HV,>225 HV

不确定度/准确度等级/最大允许误差:$U_{rel}=2.0\%\sim3.1\%$,$k=2$

【技术能力】国内先进

【服务领域】维氏硬度计是对材料小负荷维氏硬度进行检验的装置,主要用于测试小型精密零件的硬度、镀层的表面硬度、薄片材料和细线材的硬度、刀刃附近的硬度、牙科材料的硬度、表面硬化层的硬度和有效硬化层的深度等。该标准装置保证了山东省内维氏硬度量值的准确可靠,满足了材料研究和科学实验的需要。

【保存地点】山东省计量科学研究院千佛山园区

【计量标准名称】显微硬度计检定装置

【证书编号】[1988]鲁量标证字第 016 号

　　　　　　[1988]鲁社量标证字第 C016 号

【技术指标】

测量范围：(200～800)HV

不确定度/准确度等级/最大允许误差：均匀度：1.1％～3.0％

【技术能力】国内先进

【服务领域】显微硬度计是对各种金属、金属组织、金属表面加工层、电镀层、硬化层(各种氧化层、渗层、涂镀层)及玻璃、玛瑙、人造宝石、陶瓷等脆硬非金属材料的硬度进行测试的工具,广泛应用于冶金、机械、高端化工、高端装备制造等领域。该标准装置满足了山东省内显微硬度计的溯源需求,保证了山东省内硬度量值的准确可靠。

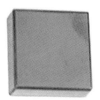

【保存地点】山东省计量科学研究院千佛山园区

【计量标准名称】肖氏硬度计检定装置

【证书编号】[1994]鲁量标证字第 008 号

[1994]鲁社量标证字第 C008 号

【技术指标】

测量范围:(5～105)HSD

不确定度/准确度等级/最大允许误差:MPE:±(0.8～1.1)HSD

【技术能力】国内先进

【服务领域】肖氏硬度计是测量材料肖氏硬度的计量器具,可在现场测量大型工件的硬度,广泛应用于高端装备制造、高端化工、冶金等领域。该标准装置保证了山东省内肖氏硬度量值的统一和硬度计示值的准确可靠,为工业和科学技术的发展提供了技术支撑。

【保存地点】山东省计量科学研究院千佛山园区

【计量标准名称】橡胶硬度计检定装置

【证书编号】[1994]鲁量标证字第 009 号

[1994]鲁社量标证字第 C009 号

【技术指标】

测量范围:A 型:(0~100)HA

不确定度/准确度等级/最大允许误差:

橡胶硬度计检定用测力仪:0.1 级

【技术能力】国内先进

【服务领域】橡胶硬度计是测定硫化橡胶和塑料制品硬度的计量器具,具有操作方便、结果简单、测量迅速等特点,广泛应用于冶金、高端化工、高端装备制造等领域。该标准装置保证了山东省内硬度量值的统一,保证了橡胶硬度计的准确可靠,为经济和科学技术的发展提供了技术支撑。

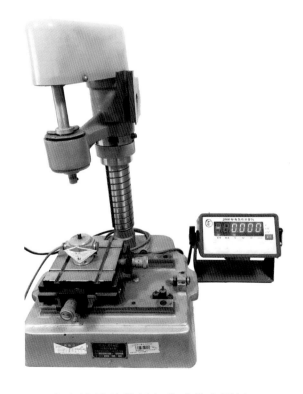

【保存地点】山东省计量科学研究院千佛山园区

【计量标准名称】滤纸式烟度计检定装置

【证书编号】〔1998〕鲁量标证字第 062 号

　　　　　　〔1998〕鲁社量标证字第 C062 号

【技术指标】

测量范围：(1.0～9.0)BSU

不确定度/准确度等级/最大允许误差：$U=0.2$ BSU，$k=2$

【技术能力】国内先进

【服务领域】滤纸式烟度计是对柴油车排气污染物进行检测的设备，广泛应用于高端装备制造、环境监测等领域。该标准装置对确保机动车达到国家排放标准、改善空气质量、保护人民的身心健康起着重要的作用。

【保存地点】山东省计量科学研究院千佛山园区

【计量标准名称】滑板式汽车侧滑检验台检定装置

【证书编号】［1998］鲁量标证字第 063 号

　　　　　　［1998］鲁社量标证字第 C063 号

【技术指标】

测量范围：(0～30)mm

不确定度/准确度等级/最大允许误差：MPE：±0.035 mm

【技术能力】国内先进

【服务领域】汽车侧滑量的大小是影响汽车行驶安全的重要指标，汽车侧滑检验台是检测汽车侧滑量是否符合要求的仪器，主要应用于汽车生产和汽车检验领域。该标准装置在保障汽车安全行驶、降低安全事故率、保护人民群众的财产安全方面起着积极的作用。

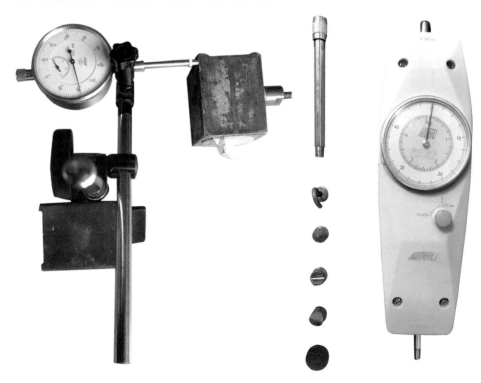

【保存地点】山东省计量科学研究院千佛山园区

【计量标准名称】轴(轮)重仪检定装置

【证书编号】[1998]鲁量标证字第 065 号

[1998]鲁社量标证字第 C065 号

【技术指标】

测量范围:(0～5)t,(30～300)kN

不确定度/准确度等级/最大允许误差:MPE:±0.3%

【技术能力】国内先进

【服务领域】轴(轮)重仪既可以检验机动车单轴承担的重量,也可以检验机动车单轮承担的重量;检验机动车制动性能时,既可与制动力检验台配合使用,也可单独使用。其广泛应用于机动车检验机构、二级维护修理厂及汽车生产企业中。该标准装置满足了山东省内机动车检验机构、二级维护修理厂及汽车生产企业的轴(轮)重仪的量值溯源需求。

【保存地点】山东省计量科学研究院千佛山园区

【计量标准名称】滚筒反力式制动检验台检定装置

【证书编号】[1998]鲁量标证字第 066 号

[1998]鲁社量标证字第 C066 号

【技术指标】

测量范围:静态:(0～50)kN;动态:(0～600)daN

不确定度/准确度等级/最大允许误差:

静态:0.3 级;动态 MPE:±3%

【技术能力】国内先进

【服务领域】汽车的制动性能如何直接关系到人民群众的生命财产安全。汽车制动检验台是检验机动车各轴(左、右轮)制动力大小的仪器,广泛应用于机动车检验机构、汽车维修厂及各类机动车生产企业。该标准的建立为山东省机动车检验机构、汽车维修厂及各机动车生产企业在制动性能检验方面提供了有力的技术保障,也在实现机动车安全行驶、保证驾驶员人身及财产安全方面起到了重要作用。

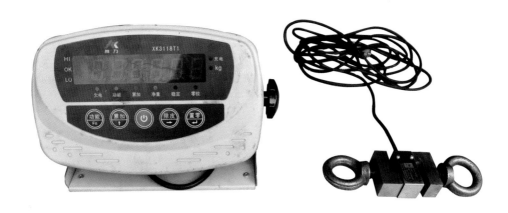

【保存地点】山东省计量科学研究院千佛山园区

【计量标准名称】机动车前照灯检测仪检定装置

【证书编号】［1998］鲁量标证字第 067 号

　　　　　　［1998］鲁社量标证字第 C067 号

【技术指标】

测量范围:光强:(5~60)kcd

　　　　　光偏:上 2°~下 2°30′,左 2°30′~右 2°30′

不确定度/准确度等级/最大允许误差:

　　　　　光强:$U_{rel}-6\%,k=2$

　　　　　光偏:$U=5′,k=2$

【技术能力】国内先进

【服务领域】前照灯检测仪是检验机动车车灯光强及光偏的仪器,广泛应用于机动车生产厂家、检验机构、修理厂。该标准的建立满足了山东省内前照灯检测仪的溯源需求,为前照灯检测仪的正常使用提供了保证。

【保存地点】山东省计量科学研究院千佛山园区

【计量标准名称】透射式烟度计检定装置

【证书编号】［2008］鲁量标证字第 126 号

　　　　　　［2008］鲁社量标证字第 C126 号

【技术指标】

测量范围：$(0\sim98.6)\%$

不确定度/准确度等级/最大允许误差：$U_{rel}=0.6\%,k=2$

【技术能力】国内先进

【服务领域】透射式烟度计采用"空气气幕"保护技术，使光学系统免遭排烟的污染，主要应用于机动车环保检测、汽车制造、汽车维修等领域。该标准主要用于山东省内投射式烟度计的检定、校准工作，对监测柴油发动机排放的污染物，确保机动车达到国家排放标准，改善空气质量起着重要的作用。

【保存地点】山东省计量科学研究院千佛山园区

【计量标准名称】测功机检定装置

【证书编号】[2007]鲁量标证字第 108 号

[2007]鲁社量标证字第 C108 号

【技术指标】

测量范围:(1～3000)Nm

不确定度/准确度等级/最大允许误差:$U_{rel}=0.4\%$,$k=2$

【技术能力】国内先进

【服务领域】测功机主要用于发动机生产企业、交通行业等测试发动机的功率,以及在环保检测中与其他仪器配合检验车辆在特定功率下排放的污染物是否达标,也可用于汽车研发过程中的科学试验。该标准的建立满足了山东省内测功装置(机)的溯源需求,为检验汽车的性能及技术状况、诊断汽车故障提供了技术支持。

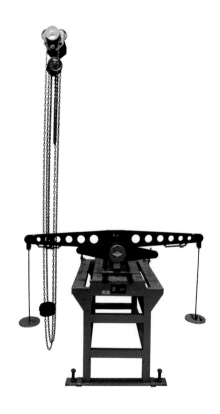

【保存地点】山东省计量科学研究院千佛山园区

【计量标准名称】便携式制动测试仪校准装置

【证书编号】[2015]鲁量标证字第 164 号

　　　　　　[2015]鲁社量标证字第 C164 号

【技术指标】

测量范围:角度:(0~90)°;速度:(5~180)km/h

不确定度/准确度等级/最大允许误差:

　　　　角度:MPE:±0.2°;速度:MPE:±1.0%

【技术能力】国内先进

【服务领域】便携式制动性能测试仪是检测机动车制动性能的智能仪器,广泛应用于高端装备制造和机动车检验等领域。该标准稳定性好,操作方便,解决了目前计量技术部门及相关企事业单位便携式制动性能测试仪的溯源问题,提高了重型机车安全性能检验的技术水平,为山东省汽车生产企业和检验机构的发展提供了保证。

【保存地点】山东省计量科学研究院千佛山园区

【计量标准名称】汽油车简易瞬态工况法用流量分析仪校准装置

【证书编号】[2015]鲁量标证字第 163 号

　　　　　　[2015]鲁社量标证字第 C163 号

【技术指标】

测量范围:流量:(65～650)m³/h;稀释氧浓度:(5%～20.9%)

不确定度/准确度等级/最大允许误差:

　　　流量:1.0 级

　　　稀释氧浓度:$U_{rel}=1\%,k=2$

【技术能力】国内先进

【服务领域】汽油车简易瞬态工况法用流量分析仪是采用工况法检验机动车污染物排放水平的重要设备,广泛应用于汽车生产和机动车污染物排放检验等领域。该标准解决了汽油车简易瞬态工况法用流量分析仪的量值溯源问题,为机动车检验机构的正常运转提供了技术保证。

【保存地点】山东省计量科学研究院千佛山园区

【计量标准名称】纸张检测设备检定装置

【证书编号】［2003］鲁量标证字第 034 号

　　　　　　［2003］鲁社量标证字第 C034 号

【技术指标】

测量范围：(0～500)N

不确定度/准确度等级/最大允许误差：MPE：±0.1%

【技术能力】国内先进

【服务领域】纸张检测设备是检验纸张和纸板质量的仪器设备，广泛应用于造纸、包装材料和纸张质量检验等领域。该标准主要承担检验纸张的拉力试验机、耐折度试验仪、撕裂度试验仪等的检定和校准工作，满足了山东省内造纸企业、科研机构以及质检部门纸张检测设备的量值溯源需求。

【保存地点】山东省计量科学研究院千佛山园区

【计量标准名称】纸与纸板厚度仪检定装置

【证书编号】［2003］鲁量标证字第 035 号

　　　　　　　［2003］鲁社量标证字第 C035 号

【技术指标】

测量范围：(0.5～20)mm

不确定度/准确度等级/最大允许误差：三等

【技术能力】国内先进

【服务领域】纸与纸板厚度仪是测量纸与纸板厚度的计量仪器，广泛应用于造纸、包装材料和纸张质量检验等领域。该标准满足了山东省内纸与纸板厚度仪的溯源需求，为山东省造纸企业、纸张科研机构以及质检部门提供了很好的技术保证。

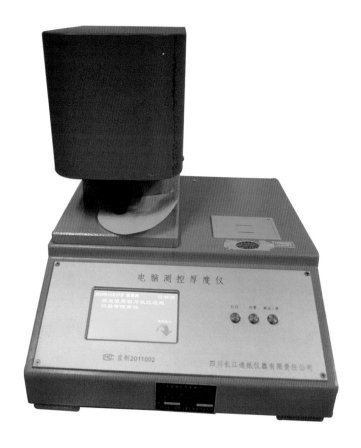

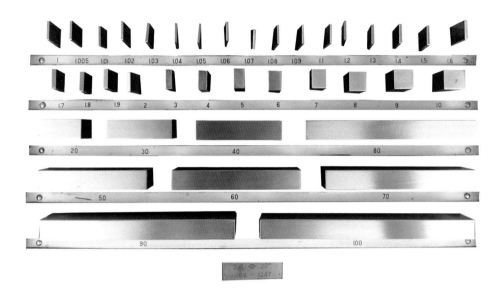

【保存地点】山东省计量科学研究院千佛山园区

【计量标准名称】反射光度计检定装置

【证书编号】[2003]鲁量标证字第 033 号

　　　　　　[2003]鲁社量标证字第 C033 号

【技术指标】

测量范围:0～10

不确定度/准确度等级/最大允许误差:$\Delta R_{457} \leqslant 0.2$

【技术能力】国内先进

【服务领域】反射光度计广泛应用于造纸、包装材料和纸张质量检测等领域。该检定装置由标准纸样和光泽度板组成,为造纸企业的内部质量控制提供了量值溯源,并为山东省造纸企业、纸张科研机构以及质检部门提供了有力的技术支撑。

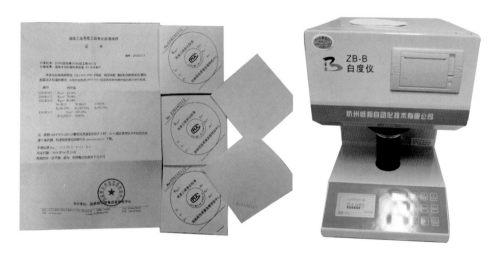

【保存地点】山东省计量科学研究院千佛山园区

【计量标准名称】纸张打浆度仪检定装置

【证书编号】[2003]鲁量标证字第 031 号

　　　　　　[2003]鲁社量标证字第 C031 号

【技术指标】

测量范围：(0～1000)mL

不确定度/准确度等级/最大允许误差：MPE：±0.5 mL

【技术能力】国内先进

【服务领域】纸张打浆度仪是测量纸浆打浆度的仪器，是广泛应用于造纸企业内部进行质量控制的重要仪器，其水平高低直接关系到纸产品的质量好坏。该标准主要用于纸张打浆度测量仪的检定和校准工作，很好地满足了山东省内造纸企业的量值溯源需求。

【保存地点】山东省计量科学研究院千佛山园区

【计量标准名称】纸与纸板吸收性仪检定装置

【证书编号】[2003]鲁量标证字第 032 号

[2003]鲁社量标证字第 C032 号

【技术指标】

测量范围:(0～100)cm²

不确定度/准确度等级/最大允许误差:MPE:±0.02 cm²

【技术能力】国内先进

【服务领域】纸与纸板吸收性仪是检验纸与纸板吸水性能的仪器,广泛应用于造纸、包装材料生产厂家以及纸张质量检验领域。该标准满足了山东省内纸与纸板吸收性仪的检校需求,为保证山东省纸张和包装材料的质量提供了保障。

【保存地点】山东省计量科学研究院千佛山园区

【计量标准名称】一等密度计标准装置

【证书编号】[1987]国量标鲁证字第 061 号

[1987]鲁社量标证字第 Z061 号

【技术指标】

测量范围：$(650\sim2000)kg/m^3$

不确定度/准确度等级/最大允许误差：$U=(0.08\sim0.20)kg/m^3,k=2$

【技术能力】国内领先

【服务领域】密度计用于计量行业的密度传递和液体密度检验,广泛应用于高端化工、新能源、新材料等领域。该标准服务于石油、化工、科研单位和计量机构,为保证山东省内密度的量值传递和密度计的准确可靠提供了技术支持。

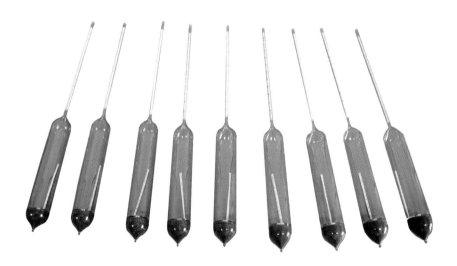

【保存地点】山东省计量科学研究院千佛山园区

【计量标准名称】一等酒精计标准装置

【证书编号】〔1987〕国量标鲁证字第 063 号

〔1987〕鲁社量标证字第 Z063 号

【技术指标】

测量范围：q：$(0\sim100)\%$

不确定度/准确度等级/最大允许误差：$U=0.04\%$，$k=2$

【技术能力】国内领先

【服务领域】酒精计用于计量行业酒精度的量值溯源，广泛应用于高端化工、能源原材料、酿酒等领域。该标准精度等级高、稳定性好，服务于酒厂、化工厂、计量机构和科研单位，满足了量值传递的需求，保证了山东省内酒精计的准确可靠。

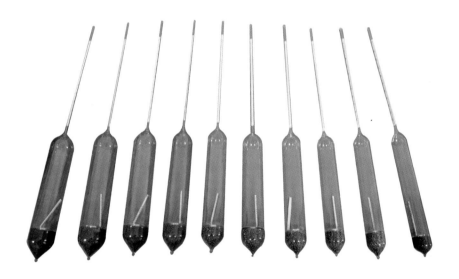

【保存地点】山东省计量科学研究院千佛山园区

【计量标准名称】冲击试验台检定装置

【证书编号】[2019]国量标鲁证字第 198 号

[2019]鲁社量标证字第 Z198 号

【技术指标】

测量范围:冲击加速度峰值:$(1 \times 10^2 \sim 3 \times 10^4) \mathrm{m/s^2}$

脉冲持续时间:$(0.2 \sim 30) \mathrm{ms}$

不确定度/准确度等级/最大允许误差:

冲击加速度峰值:$U_{\mathrm{rel}} = 5\%(1 \times 10^2 \ \mathrm{m/s^2} \sim 2 \times 10^4 \ \mathrm{m/s^2}), k = 2$

$U_{\mathrm{rel}} = 6\%(>2 \times 10^4 \sim 3 \times 10^4 \ \mathrm{m/s^2}), k = 2$

【技术能力】国内先进

【服务领域】该装置能够对落体式冲击试验台和碰撞试验台进行检定校准,广泛应用于家电、汽车配件、检测机构和军工等领域冲击碰撞性能试验装置的量传。山东省是家电生产大省和汽车配件生产大省,该标准对保证山东省冲击碰撞性能试验的数据可靠和量值准确传递具有重要意义。

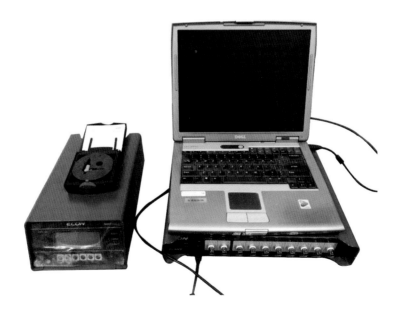

【保存地点】山东省计量科学研究院千佛山园区

第五节　振动、转速社会公用计量标准

振动是指力学系统在观察时间内的物理量(如位移、速度、加速度)往复经历极大值和极小值变化的现象。在振动测量中,研究机械结构的强度、变化和旋转机件不平衡时,应选择测量振动的位移;在评价机器的振动烈度时,应选择测量振动的速度,因为振动的速度和噪声的大小直接相关;在研究机械疲劳和冲击时,应选择测量振动的加速度,因为加速度和作用力及负荷成比例。

振动计量与安全生产和环境保护密切相关,计量仪器主要包括振动传感器、振动测量仪和振动台。振动传感器包括位移、速度和加速度传感器;振动测量仪包括测量机器运行状态的工作测振仪、测量建筑构件缺陷的基桩动测仪、测量振动对人体和环境影响的人体振动计和环境振动分析仪;振动台是检验产品性能的重要工具,按工作原理可分为机械式、电动式和液压式3种。

转速是表征圆周运动的参量,以单位时间内旋转的转数来表述,是衡量各种机械设备转子工作状态的重要指标。作为力学计量的一部分,转速计量设备主要包括转速表和转速源。山东省已开展了对各种机械、频闪、光电式转速表和恒转速源的检定,同时涵盖了车速里程表、出租汽车计价器检定仪、建筑用水泥软练设备等涉及民生的行业,并不断开拓新的领域。

山东省计量科学研究院目前已建立了8项省级社会公用计量标准,满足了省内用户的检校需求。

【计量标准名称】水泥软练设备检定装置

【证书编号】[2013]国量标鲁证字第 149 号

　　　　　　[2013]鲁社量标证字第 C149 号

【技术指标】

测量范围:频率:$(20\sim2000)$Hz

　　　　　加速度:$(0.1\sim300)$m/s^2

　　　　　转速:$(20\sim30000)$r/min

不确定度/准确度等级/最大允许误差:

　　　　　频率:1×10^{-4};振动:$U_{rel}=2.0\%$,$k=2$;转速:1×10^{-4}

【技术能力】国内领先

【服务领域】水泥软练设备包括水泥胶砂振动台、混凝土振动台、振筛机、水泥胶砂搅拌机、水泥净浆搅拌机等,是建筑材料领域的重要装备,广泛应用于水泥、混凝土生产和建筑建材检验等领域。该标准是保证上述设备数据准确可靠的计量器具,解决了水泥软练设备的量值传递问题,为水泥产品和建筑建材的质量提供了保证。

【保存地点】山东省计量科学研究院千佛山园区

【计量标准名称】比较法中频振动标准装置

【证书编号】[2007]国量标鲁证字第 049 号

　　　　　　[2007]鲁社量标证字第 Z049 号

【技术指标】

测量范围:频率:(20～2000)Hz

　　　　　加速度:(2～300)m/s²

不确定度/准确度等级/最大允许误差:

　　参考点($f=160$ Hz,$a=100$ m/s²):$U_{rel}=1.0\%$,$k=2$

　　通频带:$U_{rel}=2.0\%$,$k=2$

【技术能力】国内领先

【服务领域】基桩动测仪是检测建筑构件质量的重要仪器,工作测振仪用于诊断设备故障和监测振动强度,广泛应用于电力、矿山、高端装备制造等领域。该标准的建立解决了山东省内振动测量仪器的量值溯源问题,满足了科研、环境监测和工业生产的需求。

【保存地点】山东省计量科学研究院千佛山园区

【计量标准名称】汽车行驶记录仪检定装置

【证书编号】[2008]鲁量标证字第 125 号

[2008]鲁社量标证字第 C125 号

【技术指标】

测量范围:里程:(0～5)km

速度:(0～160)km/h

时间:(0～24)h

不确定度/准确度等级/最大允许误差:

里程:MPE:±0.1%

速度:MPE:±0.15%

时间:MPE:±0.1 s(24 h)

【技术能力】国内先进

【服务领域】汽车行驶记录仪俗称"黑匣子",是对车辆行驶速度、时间、里程以及行驶的其他状况信息进行记录、存储并通过接口实现数据输出的数字式电子记录装置,属于智能交通领域的必备仪器,为监督驾驶员的驾车状态,避免疲劳驾驶和超速行驶,减少事故隐患提供了可靠数据。该标准广泛应用于汽车制造、检验和交通管理等领域,解决了山东省内汽车行驶记录仪的量值溯源问题。

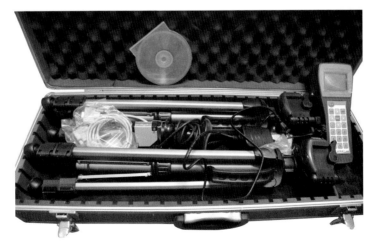

【保存地点】山东省计量科学研究院千佛山园区

【计量标准名称】机动车超速自动监测系统检定装置

【证书编号】［2005］鲁量标证字第 047 号

［2005］鲁社量标证字第 C047 号

【技术指标】

测量范围：(20～180)km/h

不确定度/准确度等级/最大允许误差：

雷达模拟测速：MPE：±0.3 km/h

地感线圈模拟测速：MPE：±0.5%

现场测速：MPE：±1.0%

【技术能力】国内先进

【服务领域】机动车超速自动监测系统属于安全防护类的强制检定计量器具，主要用于国道、高速公路的交通管理，为公安交通部门对机动车驾驶员的行为进行规范管理提供数据。该装置满足了山东省内机动车超速自动监测系统的检定需求，为维护人民群众的财产安全和社会交通秩序提供了保障。

【保存地点】山东省计量科学研究院千佛山园区

【计量标准名称】滚筒式汽车车速表检验台检定装置

【证书编号】[1998]鲁量标证字第 064 号

　　　　　　　[1998]鲁社量标证字第 C064 号

【技术指标】

测量范围:(0~120)km/h

不确定度/准确度等级/最大允许误差:$U_{rel}=0.4\%$,$k=2$

【技术能力】国内先进

【服务领域】滚筒式汽车车速表检验台是模拟机动车在行使状态下,检验其速度表是否准确的仪器,广泛应用于机动车检测站、汽车修理厂及汽车生产企业。该标准的建立为保证滚筒式汽车车速表检验台的示值准确可靠提供了有力的保障。

【保存地点】山东省计量科学研究院千佛山园区

【计量标准名称】转速标准装置

【证书编号】［1989］国量标鲁证字第 073 号

　　　　　　［1989］鲁社量标证字第 Z073 号

【技术指标】

测量范围：(20～30000)r/min

不确定度/准确度等级/最大允许误差：$U_{rel} = 5 \times 10^{-5}$，$k = 3$

【技术能力】国内领先

【服务领域】转速测量在国民经济的各个领域都是必不可少的，转速表、转速装置广泛应用于高端设备制造业、高端化工、现代农业等领域。该标准保障了山东省内转速的量值传递和工业生产中转速测量的准确可靠，为科学发展和工业生产提供了有效保障，在质量控制和安全检测领域占有重要地位。

【保存地点】山东省计量科学研究院千佛山园区

【计量标准名称】振动试验台检定装置

【证书编号】［2011］鲁量标证字第 146 号

　　　　　　［2011］鲁社量标证字第 C146 号

【技术指标】

测量范围：加速度：$(0.1\sim300)\mathrm{m/s^2}$

　　　　　频率：$(1\sim3000)\mathrm{Hz}$

不确定度/准确度等级/最大允许误差：

　　　　　加速度：MPE：$\pm3\%$

　　　　　频率：$U_{\mathrm{rel}}=1\times10^{-5}$，$k=3$

【技术能力】国内先进

【服务领域】振动试验台是各大企业、检测机构和质检部门用于对产品整机和部件进行振动性能试验的必备装置，广泛应用于高端装备制造业、航空航天、电子等领域。该标准满足了振动台现场检定的需求，为汽车、飞机和船舶构件等的性能试验提供了技术支撑。

【保存地点】山东省计量科学研究院千佛山园区

【计量标准名称】平板式制动检验台检定装置

【证书编号】〔2019〕鲁量标鲁法证字第 011 号

　　　　　　　〔2019〕鲁社量标证字第 C011 号

【技术指标】

测量范围:制动力:(0～50)kN

　　　　　轮重:(0～5)t

不确定度/准确度等级/最大允许误差:

　　　　制动力:0.3 级

　　　　轮重:0.3 级

【技术能力】国内先进

【服务领域】该装置由制动力测量仪和轮重测力仪等组成,用于检定平板式汽车制动检验台。该装置广泛应用于汽车检测机构、生产厂家、质检机构等的汽车制动性能检验装置的量传。山东省是拥有汽车检验机构数量较多的省份之一,该标准对保证山东省汽车制动检验的可靠和量值准确传递具有重要意义。

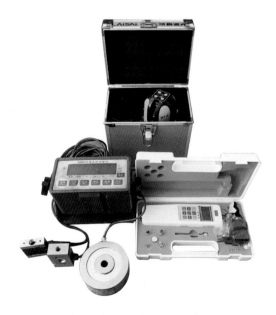

【保存地点】山东省计量科学研究院千佛山园区

第六节　流量社会公用计量标准

流量计量是计量科学技术的组成部分之一,是能源计量的重要科学支撑。流量计量主要是研究不同流体在不同条件下的流量测量方法,建立流量计量标准,开展相关计量器具的检定、校准和测试工作,以确保量值的统一和准确可靠。

流量计量广泛应用于工农业生产、国防建设、科学研究、对外贸易、节能减排以及人民生活等领域。在国际天然气贸易的交接中,流量计量可确保贸易双方的经济利益;在石油工业中,从石油的开采、运输、冶炼加工直至贸易销售,流量计量贯穿于全过程中,任何一个环节都离不开流量计量;在医药行业的微小流量测量,民用水表、热量表和燃气表的结算,工业生产中的过程控制,乃至"南水北调"和"西气东输"等国家工程中,流量计量都发挥着重要作用。流量计量时时刻刻都在为生产、民生、贸易、科学技术与社会经济发展提供技术保证,特别是在工业生产自动化程度愈来愈高的当今时代,流量计量在国民经济中的地位与作用更加明显。

山东省计量科学研究院流量专业经过多年的不断发展和完善,业务检校能力已处于国内领先水平,已经建立了完备的流量计量量值溯源体系,目前已建有省级社会公用计量标准 33 项,涵盖气体流量、液体流量、油流量等流量专业,为生产、民生、贸易、科学技术提供了有力的技术保证。

【计量标准名称】一等金属量器标准装置

【证书编号】[1992]国量标鲁证字第 096 号

[1992]鲁社量标证字第 Z096 号

【技术指标】

测量范围:(1~500)L

不确定度/准确度等级/最大允许误差:一等

【技术能力】国内先进

【服务领域】标准金属量器广泛应用于高端化工、医疗卫生、食品药品、民生计量等领域。该标准有效解决了企事业单位标准金属量器的量值溯源问题,保证了山东省标准金属量器量值的准确可靠,在容量计量的量值传递中起着关键性的作用。

【保存地点】山东省计量科学研究院德州园区

【计量标准名称】计量罐检定装置

【证书编号】［1992］鲁量标证字第 095 号

　　　　　　　［1992］鲁社量标证字第 C095 号

【技术指标】

测量范围：$(20 \sim 100000) \mathrm{m}^3$

不确定度/准确度等级/最大允许误差：$U_{rel} = 0.049\%$，$k = 2$

【技术能力】国内先进

【服务领域】计量罐广泛用于石油、液体石油产品及其他液体货物的贸易结算、收发交接等环节。该标准为山东省石化、仓储企业能力的提升提供了重要技术支撑，为石油化工领域的液体产品存储提供了重要计量技术保障，在质量发展上确保了山东新旧动能转换的加速推进。

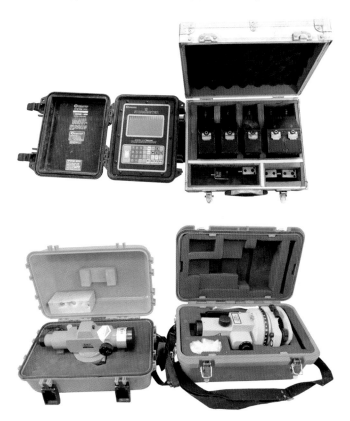

【保存地点】山东省计量科学研究院千佛山园区

【计量标准名称】钟罩式气体流量标准装置

【证书编号】[1991]鲁量标证字第 092 号

[1991]鲁社量标证字第 C092 号

【技术指标】

测量范围:(0.016~30)m³/h

不确定度/准确度等级/最大允许误差:0.5 级

【技术能力】国内先进

【服务领域】膜式燃气表广泛用于民生计量、贸易结算等领域,其准确性关系到燃气经营者和老百姓的切身利益;浮子流量计和速度式流量计广泛应用于能源计量、高端化工、现代农业和纺织等领域。该标准为山东省内高精度气体流量计的质量提升提供了技术支持,也为天然气的贸易结算提供了保障。

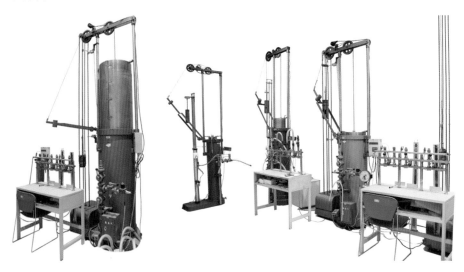

【保存地点】山东省计量科学研究院千佛山园区

【计量标准名称】一等玻璃量器标准装置

【证书编号】[1988]鲁量标证字第 027 号

　　　　　　[1988]鲁社量标证字第 C027 号

【技术指标】

测量范围:0.5 μL～2000 mL

不确定度/准确度等级/最大允许误差:一等

【技术能力】国内先进

【服务领域】各种玻璃量器广泛用于高端化工、现代海洋产业、医养健康、现代高效农业等领域。该标准解决了玻璃量器、微量进样器、注射器等计量器具的量值溯源和量值传递问题,为小容量计量器具的检验、检测提供了重要的计量技术保障。

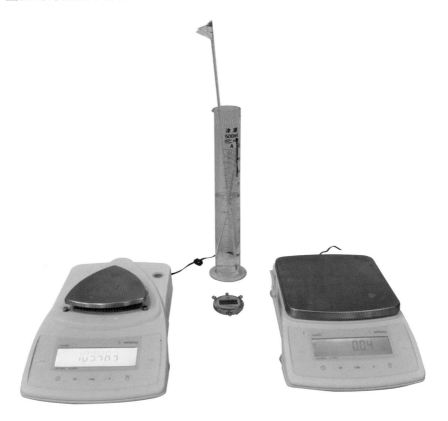

【保存地点】山东省计量科学研究院千佛山园区

【计量标准名称】二等金属量器标准装置

【证书编号】[1986]鲁量标证字第 011 号

[1986]鲁社量标证字第 C011 号

【技术指标】

测量范围:(1～50000)L

不确定度/准确度等级/最大允许误差:二等

【技术能力】国内领先

【服务领域】金属量器广泛应用于高端化工、医疗卫生、现代农业、食品药品、纺织等领域。该标准服务于山东省内的计量技术机构,加油站,供水、供燃气企业和水表、燃气表生产企业,确保了仪表生产方、使用方和监督方的量值统一,为企业质量提升提供了重要的技术支撑,为贸易的公平结算提供了重要的技术保障。

【保存地点】山东省计量科学研究院德州园区

【计量标准名称】液态物料定量灌装机检定装置

【证书编号】［1994］鲁量标证字第 397 号

　　　　　　［1994］鲁社量标证字第 C397 号

【技术指标】

测量范围：定容式：1 mL～18.925 L；定重式：1 g～18.925 kg

不确定度/准确度等级/最大允许误差：

　　　定容式 MPE：±0.23％；定重式 MPE：±0.022％

【技术能力】国内先进

【服务领域】液态物料定量灌装机是对各类定量包装商品进行灌装的重要计量器具，广泛应用于医养健康、食品化工等领域。该标准为定量包装商品的净含量测量提供了量值溯源服务，为提高产品质量、保证实验数据的准确和贸易结算的公平可靠提供了技术保障。

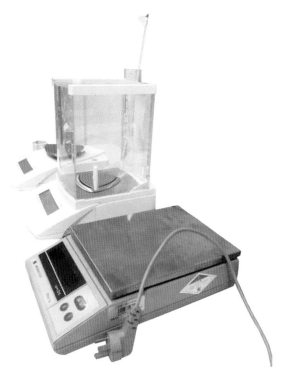

【保存地点】山东省计量科学研究院德州园区

【计量标准名称】皂膜气体流量标准装置

【证书编号】[2011]鲁量标证字第 139 号

[2011]鲁社量标证字第 C139 号

【技术指标】

测量范围:(10~2000)mL

不确定度/准确度等级/最大允许误差:

(10~500)mL:1.0 级

(1000~2000)mL:0.5 级

【技术能力】国内先进

【服务领域】电子皂膜流量计和浮子流量计等皂膜气体流量测量装置可以对气体流量进行动态检测,广泛用于能源计量、医养健康、高端装备制造、新能源、新材料和高端化工等领域。该标准属于动态容积法微小气体流量标准装置,能够为微小气体流量计提供可靠的量值溯源和量值传递,为山东省内微小气体流量计的检验、检测提供了重要的计量技术保障。

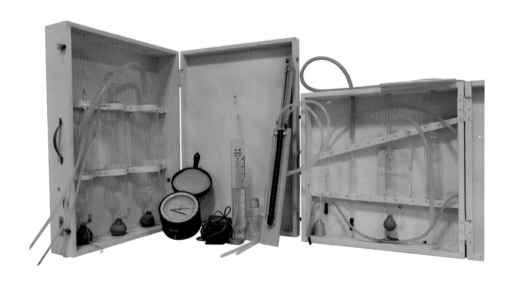

【保存地点】山东省计量科学研究院千佛山园区

【计量标准名称】明渠堰槽流量计检定装置

【证书编号】[2011]鲁量标证字第 143 号

[2011]鲁社量标证字第 C143 号

【技术指标】

测量范围：$(0.1 \times 10^{-3} \sim 93) \mathrm{m}^3/\mathrm{s}$

不确定度/准确度等级/最大允许误差：$U_{\mathrm{rel}} = 0.35\%, k = 2$

【技术能力】国内领先

【服务领域】明渠流量计广泛应用于污水处理、环境保护等领域。该标准解决了山东省内污水处理、环境保护等领域流量计量的准确性问题，为山东省推行节能环保工作提供了重要的技术支撑，为企业的贸易公平结算以及供排水的流量计量提供了保障。

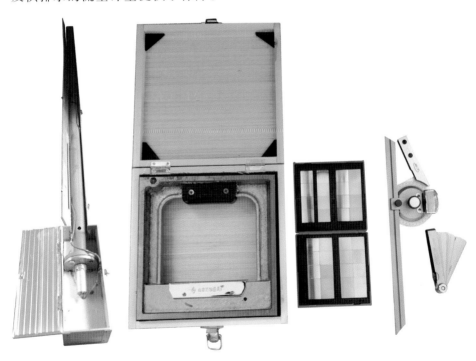

【保存地点】山东省计量科学研究院千佛山园区

【计量标准名称】膜式燃气表检定装置

【证书编号】［2010］鲁量标证字第 130 号

［2010］鲁社量标证字第 C130 号

【技术指标】

测量范围：流量：$(0.016\sim6)m^3/h$

不确定度/准确度等级/最大允许误差：0.5％

【技术能力】国内先进

【服务领域】膜式燃气表作为民用四表之一，不仅关系到燃气经营者的利益，也关系到普通老百姓的切身利益，其广泛应用于民生计量、能源计量、新能源、新材料等领域。该标准能够连续高效地对膜式燃气表进行检校，从而确保贸易结算的公平公正，具有良好的社会效益，对提高山东省膜式燃气表企业的生产技术水平和膜式燃气表产品的质量起到了积极作用。

【保存地点】山东省计量科学研究院千佛山园区

【计量标准名称】水表检定装置

【证书编号】[2010]鲁量标证字第 131 号

[2010]鲁社量标证字第 C131 号

【技术指标】

测量范围:流量:(0.002～30)m³/h

口径:DN6～DN50

不确定度/准确度等级/最大允许误差:0.2 级

【技术能力】国内先进

【服务领域】水表广泛应用于民生计量、贸易结算、能源计量、医疗卫生、现代农业、食品药品等领域。山东省内的水表生产企业是国内最多的,该标准以其准确、稳定的计量数据服务于山东省水表生产企业,对提高企业生产技术水平和水表产品质量起到了积极作用,具有良好的社会效益。

【保存地点】山东省计量科学研究院德州园区

【计量标准名称】流量积算仪检定装置

【证书编号】[2007]鲁量标证字第 111 号

[2007]鲁社量标证字第 C111 号

【技术指标】

测量范围:频率:(1～200)kHz

电流:(0～20)mA

直流电压:(0～5)V

电阻:(0～2)kΩ

不确定度/准确度等级/最大允许误差:$U_{rel}=0.02\%$,$k=2$

【技术能力】国内先进

【服务领域】流量积算仪广泛应用于高端化工、新能源、新材料、环境保护等领域。该标准为企业和技术机构流量积算仪的检定和校准提供了便利条件,节约了成本,也为流量计生产厂家提高产品质量和提升技术能力提供了重要技术支撑。

【保存地点】山东省计量科学研究院千佛山园区

【计量标准名称】钟罩式气体流量标准装置(0.2级)

【证书编号】[2008]鲁量标证字第 121 号

[2008]鲁社量标证字第 C121 号

【技术指标】

测量范围:容积:(0~20)L,(0~100)L

流量:(0.016~6)m³/h

不确定度/准确度等级/最大允许误差:0.2级

【技术能力】国内先进

【服务领域】膜式燃气表和浮子流量计等各种气体流量计广泛应用于民生计量、能源计量、高端装备制造、高端化工、现代农业和纺织等领域。该标准满足了山东省内对气体流量计进行精细化小批量测试的需求,为气体流量的准确计量、流量的量值溯源和科学研究提供了技术保证。

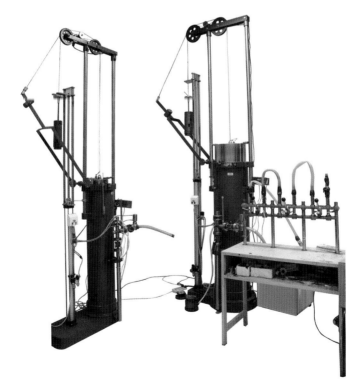

【保存地点】山东省计量科学研究院千佛山园区

【计量标准名称】液化石油气(LPG)加气机检定装置

【证书编号】[2007]鲁量标证字第 118 号

　　　　　　[2007]鲁社量标证字第 C118 号

【技术指标】

测量范围:(1~20)kg/min

不确定度/准确度等级/最大允许误差:0.1 级

【技术能力】国内领先

【服务领域】LPG 加气机广泛应用于民生计量、新能源、新材料等领域。该标准为在汽车燃料领域推行清洁能源提供了重要的技术支撑,为液化石油气加气机的贸易公平结算提供了重要的计量技术保障。

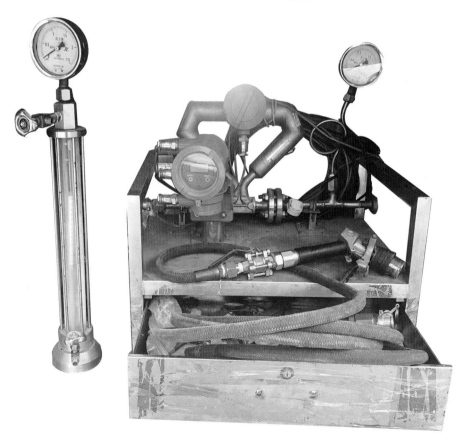

【保存地点】山东省计量科学研究院千佛山园区

【计量标准名称】在线液体流量标准装置

【证书编号】［2007］鲁量标证字第 120 号

　　　　　　［2007］鲁社量标证字第 C120 号

【技术指标】

测量范围:流速:(0.005～12)m/s

　　　　　适用口径:(50～5000)mm

不确定度/准确度等级/最大允许误差:

　　　　$U_{rel}=0.6\%$,$k=2$(对应管径 DN50～DN125)

　　　　$U_{rel}=0.3\%$,$k=2$(对应管径 DN150～DN5000)

【技术能力】国内领先

【服务领域】超声流量计广泛应用于民生供水、环境保护、新能源、新材料等领域。该标准解决了山东省内工矿业不便拆装的流量计的计量检测和大口径液体流量计量值溯源的问题,为山东省工矿企业的质量提升提供了重要的技术支撑,为企业的贸易公平结算以及节能减排环节的流量计量提供了技术保障。

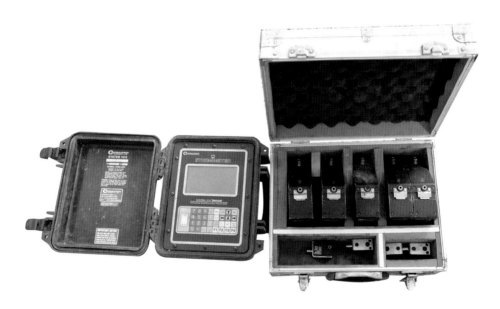

【保存地点】山东省计量科学研究院千佛山园区

【计量标准名称】容积式标准表法气体流量检定装置

【证书编号】［2007］鲁量标证字第 119 号

　　　　　　［2007］鲁社量标证字第 C119 号

【技术指标】

测量范围:(0.03～60)m³/h

不确定度/准确度等级/最大允许误差:

　　0.2 级　　流量范围:(0.03～15)m³/h

　　0.5 级　　流量范围:(0.6～60)m³/h

【技术能力】国内先进

【服务领域】气体容积式流量计、燃气表及浮子流量计广泛应用于民生计量、贸易结算、新能源、新材料、航空航天等领域。该标准为可携带流量标准装置,为使用不方便拆卸移动流量计的客户提供了便捷的检测业务,也为天然气的贸易公平结算提供了标准支撑。

【保存地点】山东省计量科学研究院千佛山园区

【计量标准名称】压缩天然气(CNG)加气机检定装置

【证书编号】[2007]鲁量标证字第 104 号

　　　　　　[2007]鲁社量标证字第 C104 号

【技术指标】

测量范围：(1～25)kg/min

不确定度/准确度等级/最大允许误差：0.2 级

【技术能力】国内领先

【服务领域】CNG 广泛应用于新能源、新材料等领域。该标准有效地解决了山东省内油气行业 CNG 加气机的流量计量问题，为山东省内在汽车燃料领域推行清洁能源提供了重要的技术支撑，为 CNG 加气机的贸易公平结算提供了重要的计量技术保障。

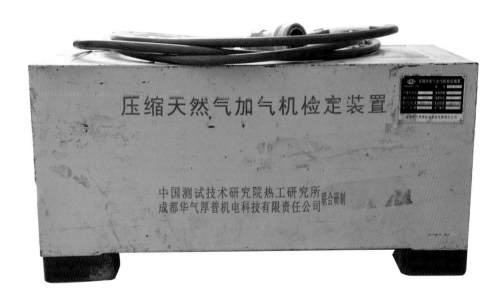

【保存地点】山东省计量科学研究院千佛山园区

【计量标准名称】热能表检定装置(DN50～DN300)

【证书编号】[2014]鲁量标证字第 158 号

[2014]鲁社量标证字第 C158 号

【技术指标】

测量范围:1.流量:(0.1～600)m³/h;适用口径:DN50～DN300

2.配对温度传感器:温度范围(4～95)℃;温差范围(3～90)K

3.计算器:温度范围,(4～150)℃;温差范围:(3～145)K

不确定度/准确度等级/最大允许误差:

1.流量:0.1 级[质量法,流量范围:(0.1～120)m³/h]

0.2 级[标准表法,流量范围:(0.5～600) m³/h]

2.配对温度传感器:$U=16$ mK,$k=2$

3.计算器:$U_{rel}=0.15\%$,$k=2$

【技术能力】国内领先

【服务领域】热能表广泛应用于民生计量、能源计量、新能源、新材料等领域。该标准可用于热量表生产企业及贸易交接的热量、热水行业的公正计量,有效地解决了热量表、热水表的量值溯源问题,为相关产品生产企业提升产品质量提供了重要的技术支撑,为供热行业贸易的公平结算提供了重要的计量技术保障。

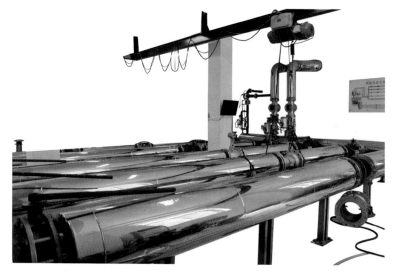

【保存地点】山东省计量科学研究院千佛山园区

【计量标准名称】临界流喷嘴气体流量标准装置

【证书编号】[2018]鲁量标证字第 183 号

[2018]鲁社量标证字第 C183 号

【技术指标】

测量范围:(0.1～15000)m³/h

不确定度/准确度等级/最大允许误差:$U_{rel}=0.25\%$,$k=2$

【技术能力】国内领先

【服务领域】各种类型的气体流量计广泛应用于航空航天、新能源、新材料等领域。该标准的流量范围及口径为山东省内最大,有效地解决了大口径气体流量计的量值溯源问题,为气体流量计生产企业提升产品质量提供了重要的技术支撑,保证了气体流量计生产企业及贸易交接的蒸汽、天然气、煤气行业的公正计量。

【保存地点】山东省计量科学研究院德州园区

【计量标准名称】热量表检定装置(DN15～DN50)

【证书编号】[2018]鲁量标证字第 179 号

[2018]鲁社量标证字第 C179 号

【技术指标】

测量范围:1.质量法:流量:(0.1～1200)m³/h

标准表法:流量:(0.5～2000)m³/h

2.配对温度传感器:温度范围:(4 ℃～150 ℃);温差范围:

(3 K～145 K)

3.计算器:温度范围:(0 ℃～200 ℃);温差范围:(3 K～180 K)

不确定度/准确度等级/最大允许误差:

1.质量法:0.05 级(0.1 m³/h～1200 m³/h,常温～85 ℃)

标准表法:0.2 级(0.1 m³/h～2000 m³/h,常温～85 ℃)

2.配对温度传感器:$U=16$ mK,$k=2$

3.计算器:$U_{rel}=0.15\%$,$k=2$

【技术能力】国内领先

【服务领域】热量表应用于民生计量、能源计量、新能源、新材料等领域。该标准的检测口径为国内最大,试验水温为国内最高。该标准有效地解决了全国供热体系改革中制约大口径热量表推广的瓶颈问题,对提高山东省以及全国热量表生产企业的技术水平和热量表产品质量起到了积极作用。

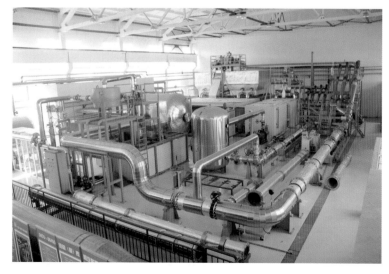

【保存地点】山东省计量科学研究院德州园区

【计量标准名称】热能表标准装置标准器组

【证书编号】[2012]鲁量标证字第 149 号

　　　　　　[2012]鲁社量标证字第 C149 号

【技术指标】

测量范围：$(0.015 \sim 2000)\text{m}^3/\text{h}$，DN15～DN400

不确定度/准确度等级/最大允许误差：

质量法热水流量装置流量测量不确定度：$U_{\text{rel}} = 0.05\%$，$k = 2$

标准表法热水流量装置流量测量不确定度：$U_{\text{rel}} = 0.1\%$，$k = 2$

【技术能力】国内领先

【服务领域】热能表标准装置广泛用于民生计量、能源计量等领域。该标准解决了热能表标准装置的量值溯源问题，为热量表、热水表计量准确性的提高和流量量值的一致性提供了技术保障，促进了生产企业产品质量的全面提升。

【保存地点】山东省计量科学研究院德州园区

【计量标准名称】液化天然气加气机检定装置

【证书编号】[2013]鲁量标证字第 155 号

[2013]鲁社量标证字第 C155 号

【技术指标】

测量范围:液相测量范围:(8~80)kg/min

气相测量范围:(0.5~5)kg/min

不确定度/准确度等级/最大允许误差:$U_{rel}=0.27\%$,$k=2$

【技术能力】国内领先

【服务领域】液化天然气加气机广泛应用于新能源、新材料等领域。该标准有效地解决了油气行业液化天然气加气机的流量计量问题,为在汽车燃料领域推行清洁能源提供了重要的技术支撑,为液化天然气加气机的贸易公平结算提供了重要的计量技术保障。

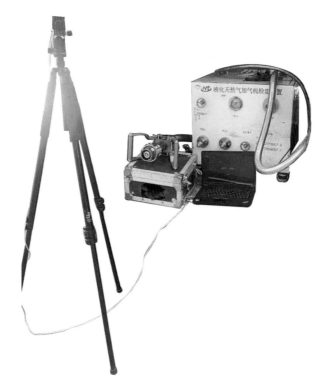

【保存地点】山东省计量科学研究院千佛山园区

【计量标准名称】标准表法水流量标准装置

【证书编号】[2019]鲁量标鲁法证字第 009 号

[2019]鲁社量标证字第 C009 号

【技术指标】

测量范围：$(4.3\sim5551)\mathrm{m}^3/\mathrm{h}$

不确定度/准确度等级/最大允许误差：$U_{\mathrm{rel}}=0.1\%,k=2$

【技术能力】国内领先

【服务领域】速度式流量计、差压流量计和冷水水表广泛应用于民生计量、能源计量、工业过程控制等领域。该标准为山东省大口径液体流量计的实验室实流标定提供了翔实的数据，为山东省工矿企业的质量提升提供了重要的技术支撑，为企业的贸易公平结算以及节能减排环节的流量计量提供了重要的计量技术保障。

【保存地点】山东省计量科学研究院德州园区

【计量标准名称】静态质量法水流量标准装置

【证书编号】[2019]鲁量标鲁法证字第 010 号

[2019]鲁社量标证字第 C010 号

【技术指标】

测量范围:(1~1800)t/h

不确定度/准确度等级/最大允许误差:$U_{rel}=0.05\%$,$k=2$

【技术能力】国内领先

【服务领域】速度式流量计、差压流量计、质量流量计和浮子流量计等广泛应用于各类工矿企业的资源和能源计量工作。该标准解决了山东省内大口径液体流量计的量值溯源问题,为山东省内大口径液体流量计的量值统一提供了可靠的标准依据。

【保存地点】山东省计量科学研究院德州园区

【计量标准名称】音速喷嘴法气体流量标准装置

【证书编号】[2015]鲁量标证字第 160 号

[2015]鲁社量标证字第 C160 号

【技术指标】

测量范围:$(1\sim5000)m^3/h$

不确定度/准确度等级/最大允许误差:$U_{rel}=0.30\%,k=2$

【技术能力】国内领先

【服务领域】气体流量计广泛应用于环境保护、新能源、新材料等领域。该标准为提升气体流量计生产企业的产品质量提供了重要的技术支撑,为蒸汽、天然气的贸易公平结算以及"煤改气"工程提供了重要的计量技术保障。

【保存地点】山东省计量科学研究院千佛山园区

【计量标准名称】临界流文丘里喷嘴法气体流量标准装置标准器组

【证书编号】[2015]鲁量标证字第 162 号

　　　　　　[2015]鲁社量标证字第 C162 号

【技术指标】

测量范围：(0.01～1300)m³/h

不确定度/准确度等级/最大允许误差：$U_{rel}=0.05\%$，$k=2$

【技术能力】国内领先

【服务领域】临界流文丘里喷嘴法气体流量标准装置用于气体流量计的检定或校准,广泛应用于新能源、新材料、贸易结算等领域。该标准为便携式,有效地解决了临界流文丘里喷嘴法气体流量标准装置的量值溯源问题,为蒸汽、天然气的贸易公平结算以及"煤改气"工程提供了重要的计量技术保障,在质量发展上确保了山东新旧动能转换的加速推进。

【保存地点】山东省计量科学研究院德州园区

【计量标准名称】静态质量法油流量标准装置

【证书编号】[2019]鲁量标鲁法证字第 050 号

　　　　　　[2019]鲁社量标证字第 C050 号

【技术指标】

测量范围：$(0.1\sim300)m^3/h$

不确定度/准确度等级/最大允许误差：$U_{rel}=0.05\%$，$k=2$

【技术能力】国内领先

【服务领域】各种油流量计广泛应用于新能源、新材料、高端装备、高端化工、医疗卫生、食品药品等领域。该标准是油品流量量值传递体系的原级标准装置，完善了油流量量值溯源体系，严格把控企业贸易结算和内部控制仪表的准确度，为维护贸易结算双方的利益提供了有力的技术支撑，减少了贸易双方因计量产生的纠纷，为生产工艺的改进提供了准确的油品计量，给用能单位能源的核算提供了准确的数据。

【保存地点】山东省计量科学研究院德州园区

【计量标准名称】标准表法油流量标准装置

【证书编号】[2019]鲁量标鲁法证字第 054 号

[2019]鲁社量标证字第 C054 号

【技术指标】

测量范围:(1.5~1000)m³/h

不确定度/准确度等级/最大允许误差:$U_{rel}=0.15\%$,$k=2$

【技术能力】国内领先

【服务领域】油流量计广泛应用于新能源、新材料、高端装备、高端化工、医疗卫生、食品药品等领域。该标准满足了山东省内大部分化工企业 0.5 级及以下的油流量计的送检需求,特别适用于大流量的容积式流量计的校准工作。此外,对企业内部控制仪表的准确度有了更严格的把控,保证了用能单位能源核算数据的准确可靠,也为生产工艺的改进提供了准确的油品计量数据。

【保存地点】山东省计量科学研究院德州园区

【计量标准名称】体积管流量标准装置

【证书编号】［2019］鲁量标鲁法证字第 051 号

［2019］鲁社量标证字第 C051 号

【技术指标】

测量范围：(8～450)m³/h

不确定度/准确度等级/最大允许误差：0.05 级

【技术能力】国内领先

【服务领域】油流量计广泛应用于新能源、新材料、高端装备、高端化工、医疗卫生、食品药品等领域。该标准为原级油品流量标准装置,满足了山东省内大部分化工企业容积式流量计的送检需求;通过严格把控企业贸易结算和内部控制仪表的准确度,为贸易结算双方的利益维护提供了有力的技术支撑,为生产工艺的改进提供了准确计量。该标准减少了贸易双方因计量产生的纠纷,给用能单位的能源核算提供了准确的数据,具有良好的经济和社会效益。

【保存地点】山东省计量科学研究院德州园区

【计量标准名称】$pVTt$ 法气体流量标准装置

【证书编号】[2015]国量标鲁证字第 170 号

[2015]鲁社量标证字第 Z170 号

【技术指标】

测量范围:体积流量,q_v:$(0.01\sim1300)\mathrm{m}^3/\mathrm{h}$

不确定度/准确度等级/最大允许误差:$U_{\mathrm{rel}}=0.05\%$,$k=2$

【技术能力】国内领先

【服务领域】临界流文丘里喷嘴可广泛应用于高端化工、新能源、新材料、绿色低碳、环境保护、国际贸易、航空航天等领域。该标准为原级气体流量标准装置,测量范围为国内最大,同时包含采用负压进气法与正压进气法的气体流量标准装置,满足了各级技术机构气体流量标准装置的量值溯源需求,改善和提高了国内气体流量设备企业相关产品的检测水平,为国内次级气体流量标准装置的建设提供了技术支撑。

【保存地点】山东省计量科学研究院德州园区

【计量标准名称】液体流量标准装置检定装置

【证书编号】［2017］国量标鲁证字第 192 号

　　　　　　［2017］鲁社量标证字第 Z192 号

【技术指标】

测量范围：口径：DN10～DN1000；流量：(0.006～10000)m³/h

不确定度/准确度等级/最大允许误差：$U_{rel}＝0.03\%$，$k＝2$

【技术能力】国内领先

【服务领域】液体流量标准装置广泛应用于工业生产、社会服务、贸易结算等领域。该检定装置解决了山东省内液体流量标准装置的量值溯源问题，为山东省内仪表生产企业的质量提升提供了重要的技术支撑，促进了仪表生产企业的发展。

【保存地点】山东省计量科学研究院德州园区

【计量标准名称】静态质量法水流量标准装置

【证书编号】[2019]鲁量标鲁法证字第 050 号

[2019]鲁社量标证字第 C050 号

【技术指标】

测量范围:口径:DN10～DN40;流量:(0.006～40)m³/h

不确定度/准确度等级/最大允许误差:$U_{rel}＝0.05\%,k＝2$

【技术能力】国内领先

【服务领域】速度式流量计、差压流量计和质量流量计广泛应用于各类工矿企业的资源和能源计量。该标准解决了山东省内工矿企业小口径液体流量计量值溯源的问题,为山东省小口径液体流量计的实验室实流标定提供了翔实的数据,为山东省工矿企业的质量提升提供了重要的技术支撑,为企业的贸易公平结算及节能减排环节的流量计量提供了保障。

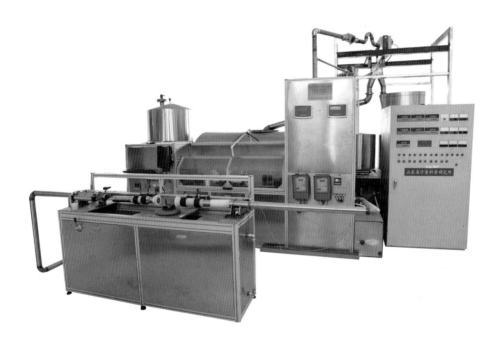

【保存地点】山东省计量科学研究院德州园区

【计量标准名称】热量表检定装置(DN15～DN50)

【证书编号】[2018]鲁量标证字第 179 号

　　　　　　[2018]鲁社量标证字第 C179 号

【技术指标】

测量范围:1.流量:$(0.006～30)m^3/h$;适用口径:(DN15～DN50)

　　　　　2.配对温度传感器:温度范围:(4～95)℃;温差范围:(2～90)K

　　　　　3.计算器:温度范围:(4～150)℃;温差范围:(2～145)K

不确定度/准确度等级/最大允许误差:

　　　1.流量:$U_{rel}=0.39\%,k=2$

　　　2.配对温度传感器:$U=16\ mK,k=2$

　　　3.计算器:$U_{rel}=0.15\%,k=2$

【技术能力】国内领先

【服务领域】热量表用于测量及显示水流经热交换系统所释放或吸收的热量,主要应用于民生计量和能源计量领域。该标准有效地解决了山东省内 DN15～DN50 热量表、热水表的量值溯源问题,为相关生产企业产品质量的提升提供了重要的技术支撑,为供热行业贸易的公平结算提供了重要的计量技术保障,对推进供热体制改革起到了关键的支撑作用。

【保存地点】山东省计量科学研究院德州园区

【计量标准名称】压缩天然气加气机检定装置校准装置

【证书编号】[2018]国量标鲁证字第 197 号

[2018]鲁社量标证字第 C197 号

【技术指标】

测量范围：(1～50)kg/min

不确定度/准确度等级/最大允许误差：$U_{rel}=0.05\%$，$k=2$

【技术能力】国内先进

【服务领域】压缩天然气加气机检定装置校准装置是一种质量法气体流量标准装置，用于压缩天然气加气机检定装置和高精度气体质量流量计的校准工作，广泛应用于能源计量和石油化工领域。该标准满足了山东省内计量技术机构压缩天然气加气机检定装置的溯源需求，确保了山东省内天然气加气机计量性能的量值统一，为清洁能源的大力推广奠定了坚实的基础。

【保存地点】山东省计量科学研究院德州园区

第四章　声学社会公用计量标准

　　声学计量是研究和保证声学量测量准确及量值统一的活动，是计量学的重要分支之一。声学计量包括对超声、水声、空气声等各项参量的计量，声压、声强、声功率是其主要参量；还包括对声阻、声能、传声损失、听力等的计量。对这些参量的测量和研究是声学计量技术的基础。

　　声学学科具有极强的交叉性和延伸性，在现代科学技术中起着举足轻重的作用。声学计量在环境监测、大众健康、国防安全和高新技术产业等领域的应用也越来越广泛。

　　山东省计量科学研究院已建立了5项省级社会公用计量标准。电声标准装置主要承担着对声校准器、声级计、噪声统计分析仪、个人噪声剂量计、声暴露计等的检定、校准工作。纯音听力计检定装置等可为医疗卫生机构提供量值溯源。

【计量标准名称】电声检定装置

【证书编号】[2007]国量标鲁证字第 119 号

　　　　　　[2007]鲁社量标证字第 Z119 号

【技术指标】

测量范围:10 Hz～20 kHz

不确定度/准确度等级/最大允许误差:

　　声压级:$U=(0.4\sim1.0)\mathrm{dB}$,$k=2$

　　在参考频率上:$U=0.15$ dB,$k=2$(压力场)

【技术能力】国内领先

【服务领域】噪声测量设备是对工业设备和工作、生活环境中的噪声进行测量的仪器,直接关系到人员的身心健康和设备的安全运行,广泛应用于高端装备制造、高端化工、工业制造、疾控、环保、职业健康等领域。该标准可用于对声级计等噪声测量设备的检定和校准,为山东省内电声计量的量值传递和溯源提供了技术支持。

【保存地点】山东省计量科学研究院千佛山园区

【计量标准名称】纯音听力计检定装置

【证书编号】[2018]国量标鲁证字第 195 号

　　　　　　　[2018]鲁社量标证字第 Z195 号

【技术指标】

测量范围:气导听力零级:50 Hz~10 kHz

　　　　　骨导听力零级:250 Hz~8 kHz

不确定度/准确度等级/最大允许误差:

　　　气导听力零级:$U=1.0$ dB,$k=2$

　　　骨导听力零级:$U=1.5$ dB,$k=2$

【技术能力】国内先进

【服务领域】纯音听力计是一种用于测量人耳听阈,为诊断听觉疾病提供检测数据的计量器具,广泛应用于医疗卫生、新材料等领域。该标准的建立完善了山东省内纯音听力计的量值传递体系,确保了纯音听力计检测参数的准确性和可靠性,为保障广大患者的听力健康,促进社会的和谐发展起到了积极作用。

【保存地点】山东省计量科学研究院力诺园区

【计量标准名称】超声功率计标准装置

【证书编号】[2019]鲁量标鲁法证字第 115 号

[2019]鲁社量标证字第 C115 号

【技术指标】

测量范围:超声功率:2 mW～20 W;超声频率:(1～10)MHz

不确定度/准确度等级/最大允许误差:声功率:$U_{rel}=10\%$,$k=2$

【技术能力】国内先进

【服务领域】医用超声源用于对人体腹部、两腺、妇科器官、四肢血管、心脏以及泌尿系统等多个部位的检查和诊断,广泛应用于医疗卫生领域。该标准是山东省的最高计量标准,该检定装置的建立满足了山东省对医用超声源的检定需求,确保了医用超声源的超声功率、超声频率、探测深度、分辨率等技术参数的准确可靠,为加强医疗服务质量、减少医疗纠纷起到了促进作用。

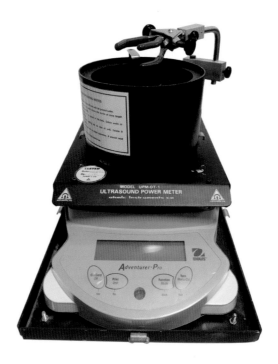

【保存地点】山东省计量科学研究院力诺园区

【计量标准名称】毫瓦级超声功率源标准装置

【证书编号】［2014］国量标鲁证字第 153 号

　　　　　　［2014］鲁社量标证字第 Z153 号

【技术指标】

测量范围:超声功率:$(1\sim500)\mathrm{mW}$

不确定度/准确度等级/最大允许误差:超声功率:$U_{\mathrm{rel}}=5\%,k=2$

【技术能力】国内先进

【服务领域】毫瓦级超声功率计是一种测量超声功率的便携式设备,广泛应用于各超声仪器生产企业、医疗机构和计量部门。该标准的建立完善了超声功率的量值传递体系,保证了超声功率量值的准确性、一致性和溯源性,提高了医疗机构使用的超声诊断设备检测数据的可靠性,满足了山东省对毫瓦级超声功率计的检定和校准需求,为山东省的超声仪器生产企业、医疗机构和计量部门提供了技术支持。

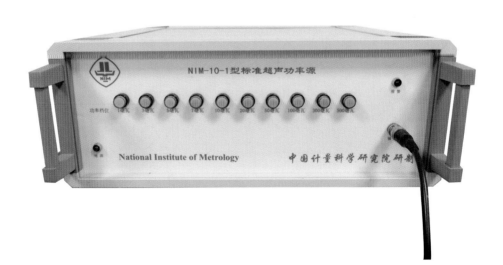

【保存地点】山东省计量科学研究院力诺园区

【计量标准名称】超声多普勒胎儿监护仪超声源检定装置

【证书编号】[2010]鲁量标证字第 136 号

[2010]鲁社量标证字第 C136 号

【技术指标】

测量范围:超声功率:(1～500)mW

不确定度/准确度等级/最大允许误差:$U_{rel}=10\%,k=2$

【技术能力】国内先进

【服务领域】超声多普勒胎儿监护仪超声源用于监测、记录胎儿心跳的次数、产妇子宫收缩的频率和强度,广泛应用于医疗卫生领域。该标准的建立及工作的开展保证了山东省各级医疗机构的各类胎儿监护仪监测量值的准确及使用安全,为提高胎儿的正常生产率,保护孕产妇生命安全,提高医疗服务质量,改善民生提供了技术支撑。

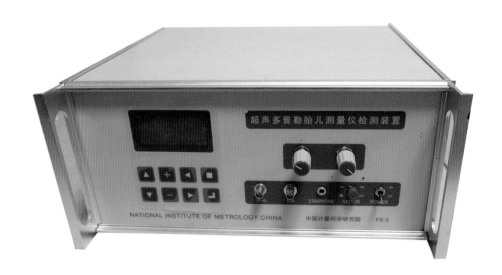

【保存地点】山东省计量科学研究院力诺园区

第五章　电磁社会公用计量标准

电磁计量是研究和保证电磁量测量准确及量值统一的活动,涉及电压、电流、电阻、功率、相位、电能、电感、电容、磁感应强度等电磁学单位量值的复现和传递,其中电流是国际单位制的 7 个基本量之一。

电磁计量是计量科学技术的重要组成部分,是电力、制造、电子、航空航天、医疗卫生、科学研究等行业的质量基础,涉及民生、安全、贸易的方方面面。电能计量是节能减排、新旧动能转换和电能监管模式的重要技术保障,全面保障了电能贸易双方的经济利益;作为电磁计量中的传统部分,交流电量计量几十年来为山东省众多交流仪器使用厂家和生产厂家提供着基础技术支撑,保障了山东省交流电量量值的准确可靠;作为电磁计量的基础,直流电量计量利用直流仪器稳定性高、复现性好、多为实物量具等特点,在有效服务传统制造工业的同时,也为山东省能源材料、高端装备、技术创新等方面提供了基础技术保障;安规计量经过不断发展,已形成较为完整、先进的量值传递溯源体系,并积极开展了相关量值传递溯源方法的研究;高压计量为推动更高电压等级电网的建设,带动电力工业的结构优化提供了技术支撑和保障。

经山东省计量行政部门批准,山东省计量科学研究院共建立了 50 项电磁量省级社会公用计量标准,包括电能计量标准 11 项,数字仪表计量标准 3 项,交直流电量计量标准 11 项,安规计量标准 18 项,高压计量标准 6 项,磁学计量标准 1 项。通过几十年的不断完善和提升,电磁量计量标准已基本覆盖电磁量的溯源需求。电磁计量在电力、制造、电子、石油、矿业、航空航天、医疗卫生、国际贸易等国民经济和社会发展的各个领域均具有广泛的应用,取得了良好的社会效益。未来山东省将加强产研结合,拓宽视野和思路,不断提高完善电磁计量能力,使其在山东省新旧动能转换、产业升级、科技创新中发挥更大的作用。

【计量标准名称】电动汽车交流充电桩检定装置

【证书编号】［2017］鲁量标证字第 171 号

　　　　　　［2017］鲁社量标证字第 C171 号

【技术指标】

测量范围:交流电压:10 V～456 V;交流电流:1 mA～60 A

不确定度/准确度等级/最大允许误差:交流电能,0.05 级

【技术能力】国内先进

【服务领域】电动汽车交流充电桩主要应用于新能源汽车领域,该标准统一了山东省内电动汽车交流充电桩的量值,为电动汽车交流充电桩的生产和科学研究等提供了可靠的技术支撑,确保了贸易结算的准确、可靠,促进了电动汽车产业的健康快速发展。

【保存地点】山东省计量科学研究院力诺园区

【计量标准名称】电动汽车非车载充电机检定装置

【证书编号】[2017]鲁量标证字第 172 号

[2017]鲁社量标证字第 C172 号

【技术指标】

测量范围:直流电压:3 V～1150 V;直流电流:0.5 A～300 A

不确定度/准确度等级/最大允许误差:

直流电能:20 A 以上 0.05 级,10 A 0.1 级,5 A 0.2 级

【技术能力】国内先进

【服务领域】电动汽车非车载充电机、电动汽车直流充电桩主要应用于新能源汽车领域。该标准为电动汽车非车载充电机、直流充电桩的生产和科学研究等提供了可靠的技术支撑,统一了山东省内电动汽车非车载充电机、直流充电桩的量值,确保了贸易结算的准确、可靠。

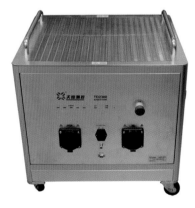

【保存地点】山东省计量科学研究院力诺园区

【计量标准名称】电压互感器检定装置

【证书编号】［2016］国量标鲁证字第 185 号

　　　　　　［2016］鲁社量标证字第 Z185 号

【技术指标】

测量范围：$(110/\sqrt{3}\sim400)\text{kV}/(100、100/\sqrt{3})\text{V}$

不确定度/准确度等级/最大允许误差：0.05 级

【技术能力】国内先进

【服务领域】电压互感器主要用于山东省发电、配电、输变电及变压器生产等高端装备制造业。该标准确保了电压互感器比值差和角差量值的准确、可靠，满足了电压互感器、工频高电压设备等的量值溯源需求。

【保存地点】山东省计量科学研究院特高压实验室

【计量标准名称】一等电池标准装置

【证书编号】[2016]国量标鲁证字第 190 号

[2016]鲁社量标证字第 Z190 号

【技术指标】

测量范围:1.018550 V~1.018680 V

不确定度/准确度等级/最大允许误差:$U=2\ \mu V, k=2$

【技术能力】国内领先

【服务领域】标准电池是保存和复现电动势或电压单位的实物量具,广泛应用于电力、交通、材料、电子、通信、航空航天、军工、高端装备产业等各个领域。该标准有效地服务于山东省各大自动化设备生产企业、电器制造企业、各级地震监测部门、计量部门及科研院所,保证了山东省直流电压量值的统一。

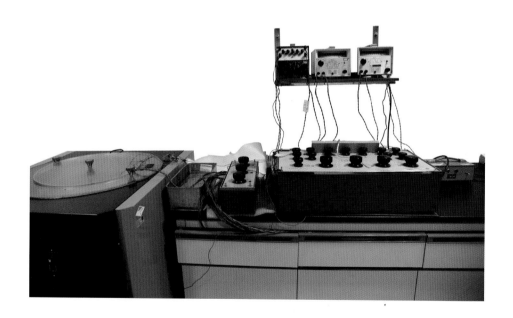

【保存地点】山东省计量科学研究院力诺园区

【计量标准名称】工频高压分压器检定装置

【证书编号】[2016]国量标鲁证字第 186 号

[2016]鲁社量标证字第 Z186 号

【技术指标】

测量范围：1 kV～1000 kV

不确定度/准确度等级/最大允许误差：

(1～400)kV：0.05 级

(400～1000)kV：$U=1\times10^{-2}$，$k=2$

【技术能力】国内领先

【服务领域】工频高压分压器、数字高压表、静电电压表等主要用于高端装备产业、电力行业、电力设备制造行业。该标准用于上述大型设备的现场检定和校准，有利于维护生产和科研用工频高电压设备电压量值的准确、可靠。

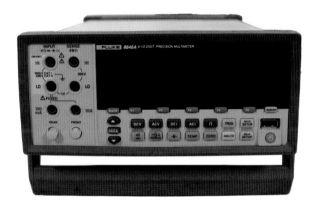

【保存地点】山东省计量科学研究院特高压实验室

【计量标准名称】钳形接地电阻仪检定装置

【证书编号】[2013]鲁量标证字第 153 号

[2013]鲁社量标证字第 C153 号

【技术指标】

测量范围:0.010 Ω～20001.110 Ω

不确定度/准确度等级/最大允许误差:MPE:±0.05％

【技术能力】国内先进

【服务领域】钳形接地电阻仪主要应用于高端装备产业、建筑行业、电力行业等领域。该标准保证了钳形接地电阻表电阻量值的准确、可靠,提高了钳形接地仪器仪表产品的可靠性,保障了相关领域的接地性能安全,为相关企事业单位和科研部门提供了技术服务。

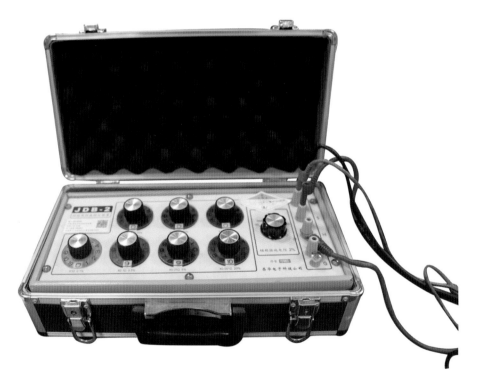

【保存地点】山东省计量科学研究院力诺园区

【计量标准名称】电阻应变仪检定装置

【证书编号】[2014]国量标鲁证字第 151 号

　　　　　　[2014]鲁社量标证字第 Z151 号

【技术指标】

测量范围:应变:(0.1~100000)$\mu\varepsilon$

　　　　　频率响应:10 Hz~500 kHz

不确定度/准确度等级/最大允许误差:

　　　应变:0.05 级

　　　频率响应:±(0.1~0.5)dB

【技术能力】国内先进

【服务领域】电阻应变仪主要应用于汽车工程产业、航空航天产业、生物医疗产业及建筑等领域。该标准确保了电阻应变仪在测量材料和结构的静、动态拉伸及压缩时应变量的准确、可靠,为科研及生产应用中材料的力学性能检测提供了保障,提高了汽车、航空航天、生物医疗材料和建筑结构的安全性和可靠性。

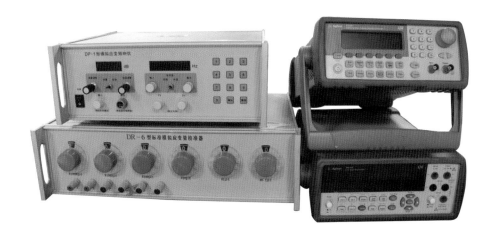

【保存地点】山东省计量科学研究院力诺园区

【计量标准名称】高压高阻检定装置

【证书编号】[2015]鲁量标证字第 161 号

[2015]鲁社量标证字第 C161 号

【技术指标】

测量范围:电阻:100 Ω～1000 GΩ;电压:(0～5000)V

不确定度/准确度等级/最大允许误差:

电阻:±(0.03～2)%;电压:±0.05%

【技术能力】国内先进

【服务领域】高压高阻箱主要应用于高端装备产业、电气安全产业等领域。该标准确保了生产、科研用高压、高阻量值的准确可靠,提高了高压高阻检定装置产品的可靠性,为相关企事业单位和科研部门提供了技术服务。

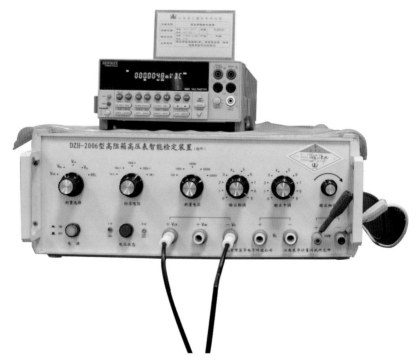

【保存地点】山东省计量科学研究院力诺园区

【计量标准名称】三相电能表检定装置(流水线)

【证书编号】[2016]鲁量标证字第 166 号

　　　　　　[2016]鲁社量标证字第 C166 号

【技术指标】

测量范围:电压:3×(40 V～400 V);电流:3×(0.001 A～100 A)

不确定度/准确度等级/最大允许误差:0.05 级

【技术能力】国内先进

【服务领域】三相电能表主要应用于信息技术、电力电子等领域。该标准统一了山东省内三相电能表的量值,确保了电能计量的准确、可靠。该装置是我国首创的单、三相电能表混合自动检定系统,单相 84 表位,三相 30 表位,年检定量达 1 万只三相电能表,可承担仲裁检定和计量行政部门委派的监督抽查等任务。

【保存地点】山东省计量科学研究院力诺园区

【计量标准名称】单相电能表检定装置(流水线)

【证书编号】[2016]鲁量标证字第 167 号

　　　　　　[2016]鲁社量标证字第 C167 号

【技术指标】

测量范围:电压:40 V~264 V;电流:0.001 A~100 A

不确定度/准确度等级/最大允许误差:0.05 级

【技术能力】国内先进

【服务领域】单相电能表主要应用于信息技术、电力电子等领域。该标准统一了山东省内单相电能表的量值,确保了电能计量的准确、可靠。该装置是我国首创的单、三相电能表混合自动检定系统,单相 84 表位,三相 30 表位,年检定量达 10 万只单相电能表,可承担仲裁检定和计量行政部门委派的监督抽查等任务。

【保存地点】山东省计量科学研究院力诺园区

【计量标准名称】强磁场标准装置

【证书编号】[2016]国量标鲁证字第 173 号

[2016]鲁社量标证字第 Z173 号

【技术指标】

测量范围:磁感应强度:(0.05～2000)mT

不确定度/准确度等级/最大允许误差:0.1 级

【技术能力】国内领先

【服务领域】特斯拉计、磁强计广泛应用于高端装备产业、汽车及钢铁制造业、国防军工、航空航天、航海等领域。本标准可对磁感应强度等参数进行准确的测量,确保相关量值的准确、可靠,为各级计量部门、企业、院校及科研单位、相关产业的质量提升提供技术支撑。

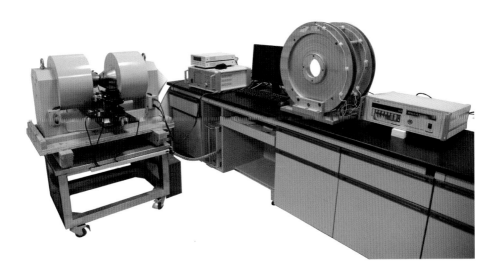

【保存地点】山东省计量科学研究院力诺园区

【计量标准名称】接地导通电阻测试仪检定装置

【证书编号】［2005］鲁量标证字第 048 号

　　　　　　［2005］鲁社量标证字第 C048 号

【技术指标】

测量范围:电阻:0.01 mΩ～11.11 Ω;电流:(0～30)A

不确定度/准确度等级/最大允许误差:

　　　电阻:±(0.05%～10%)

　　　电流:DC:±0.05%;AC:±0.1%

【技术能力】国内先进

【服务领域】接地导通电阻测试仪主要应用于高端装备产业、信息产业、家电产业、医疗卫生等领域。该标准确保了接地导通电阻量值的准确、可靠,提高了仪器仪表产品的可靠性,为相关企事业单位和科研机构提供了有力的技术支撑。

【保存地点】山东省计量科学研究院力诺园区

【计量标准名称】泄漏电流测试仪检定装置

【证书编号】[2005]鲁量标证字第 049 号

[2005]鲁社量标证字第 C049 号

【技术指标】

测量范围:电压:(0~400)V;电流:(0~100)mA

不确定度/准确度等级/最大允许误差:$U_{rel}=0.1\%$,$k=2$

【技术能力】国内先进

【服务领域】泄漏电流测试仪主要应用于高端装备产业、信息产业、家电产业、医疗卫生等领域。该标准确保了泄漏电流量值的准确、可靠,提高了仪器仪表产品的可靠性,保障了电气设备和人身安全,为相关企事业单位和科研部门提供了技术服务保障。

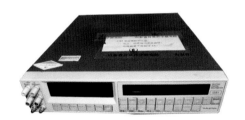

【保存地点】山东省计量科学研究院力诺园区

【计量标准名称】三相电能表标准装置

【证书编号】〔2005〕国量标鲁证字第 087 号

　　　　　　〔2005〕鲁社量标证字第 Z087 号

【技术指标】

测量范围:电压:3×(57.7/100～320/554)V

　　　　　电流:3×(0.005～100)A

不确定度/准确度等级/最大允许误差:

　　　　　〔100～0.1(含)〕A:0.01 级

　　　　　〔0.1～0.05(含)〕A:0.02 级

　　　　　〔0.05 mA～5 mA(含)〕:0.03 级

【技术能力】国内先进

【服务领域】电子式标准电能表、交流电能表检定装置主要应用于新能源、新材料、高端装备、仪器仪表等领域。该标准广泛用于科学研究和量值溯源,保障了山东省内各行业电能量值的准确、可靠,为电能的贸易结算和执行仲裁检定提供了技术支撑。该标准还可用于交流电参数测量、谐波电能质量检测以及能效监测。

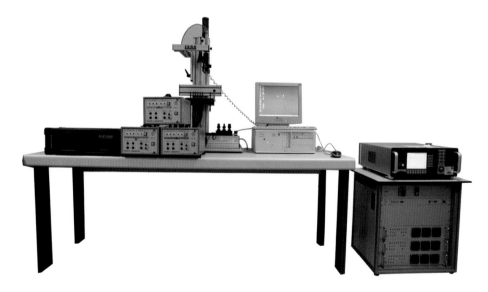

【保存地点】山东省计量科学研究院力诺园区

【计量标准名称】电量变送器检定装置

【证书编号】[2007]鲁量标证字第 102 号

[2007]鲁社量标证字第 C102 号

【技术指标】

测量范围:输入:电压:$(0\sim1000)$V;电流:$(0\sim100)$A

相角:$(0°\sim360°)$;频率:$(40\sim10000)$Hz

$3\times(57.74\sim400)$V;$3\times(0.1\sim100)$A

输出:$(0\sim10)$V;$(0\sim20)$mA

不确定度/准确度等级/最大允许误差:

输入:电压 0.02%;电流 0.02%;相角 0.03°

频率 0.01%;功率 0.2%

输出:电压 0.0005%;电流 0.003%

【技术能力】国内先进

【服务领域】电工测量变送器主要应用于高端装备产业、信息产业、家电产业、自动化产业等领域。该标准确保了生产、科研使用的电量变送器的电压、电流、有功功率、无功功率、相位、频率等量值的准确、可靠,为相关企事业单位和科研部门提供了重要的技术支撑。

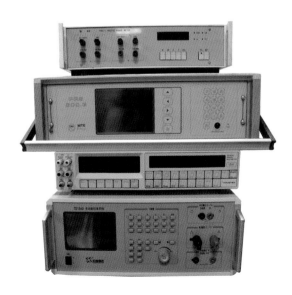

【保存地点】山东省计量科学研究院力诺园区

【计量标准名称】直流低电阻表检定装置

【证书编号】［2007］鲁量标证字第 105 号

　　　　　　［2007］鲁社量标证字第 C105 号

【技术指标】

测量范围:电阻:10 μΩ～111111.11 Ω;电流:(0～300)A

不确定度/准确度等级/最大允许误差:0.02 级

【技术能力】国内先进

【服务领域】直流低值电阻测量仪表以及回路电阻测试仪、直流电阻测试仪主要应用于高端装备产业、电力制造业等领域。该标准确保了直流低电阻、电流量值的准确、可靠,满足了山东省内相关仪器的量值传递服务需求,提高了仪器仪表产品的可靠性。

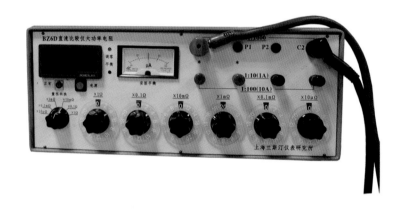

【保存地点】山东省计量科学研究院力诺园区

【计量标准名称】变压比电桥检定装置

【证书编号】［2007］国量标鲁证字第 095 号

　　　　　　　［2007］鲁社量标证字第 Z095 号

【技术指标】

测量范围:变比:1～10000;组别:12 种组别、Z 形组别

不确定度/准确度等级/最大允许误差:

　　　变比:单相±0.01%;组别:三相±0.05%

【技术能力】国内领先

【服务领域】变压比电桥主要服务于高端装备产业、电力制造业、电力系统等领域。该标准确保了变压比量值的准确、可靠,可满足山东省内变压比电桥检定、校准的市场需求和量值传递服务,为保障变压器等相关产品的质量提供了技术支撑。

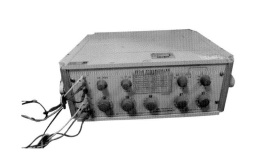

【保存地点】山东省计量科学研究院力诺园区

【计量标准名称】直流高电压标准装置

【证书编号】[2007]国量标鲁证字第 136 号

　　　　　　[2007]鲁社量标证字第 Z136 号

【技术指标】

测量范围:直流电压:(1～1000)kV

不确定度/准确度等级/最大允许误差:

　　　(1～200)kV:MPE:±0.1%

　　　(200～1000)kV:$U_{rel}=5×10^{-3}$,$k=2$

【技术能力】国内领先

【服务领域】直流高压试验装置、直流高压分压器等直流高电压设备主要用于高端装备产业、电力行业、电力设备制造行业。该标准装置可满足1000 kV 及以下电压等级的直流高电压设备数值溯源需求,有利于维护生产、科研使用的直流高电压设备的电压量值准确、可靠。

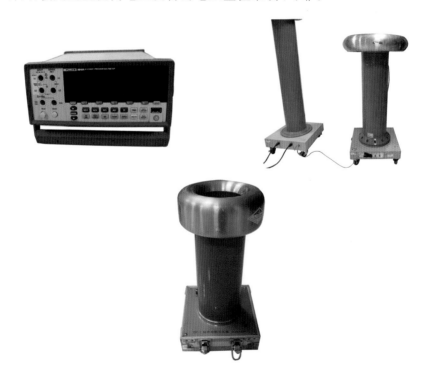

【保存地点】山东省计量科学研究院特高压实验室

【计量标准名称】火花试验机校准装置

【证书编号】[2007]鲁量标证字第 115 号

　　　　　　[2007]鲁社量标证字第 C115 号

【技术指标】

测量范围:(0～50)kV

不确定度/准确度等级/最大允许误差:

　　　MPE:DC:±0.5%;AC:±1%

【技术能力】国内先进

【服务领域】火花试验机主要用于电线电缆的外绝缘检测,关系到电线电缆使用者的生命安全。该标准满足了山东省内电线电缆生产企业对火花机在电压、灵敏度、稳定度等方面的溯源需求,确保了企业在生产过程中所使用的设备稳定、可靠,帮助企业提升了电线电缆的生产质量。

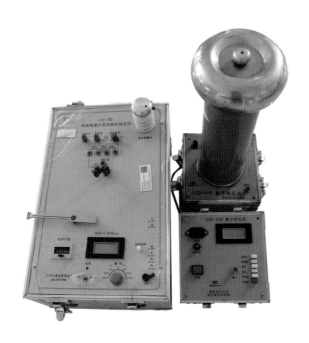

【保存地点】山东省计量科学研究院力诺园区

【计量标准名称】高绝缘电阻测量仪(高阻计)检定装置

【证书编号】〔2007〕鲁量标证字第 114 号

　　　　　　〔2007〕鲁社量标证字第 C114 号

【技术指标】

测量范围:$(0\sim1111111.1110)\mathrm{M}\Omega$;$(0\sim10000)\mathrm{V}$

不确定度/准确度等级/最大允许误差:

　　　　电阻:$\pm(0.2\%\sim2.0\%)$

　　　　电压:$\pm(0.002\%\sim1.0\%)$

【技术能力】国内先进

【服务领域】高绝缘电阻测量仪(高阻计)主要应用于高端装备产业、信息产业、家电产业、医疗卫生等领域。该标准确保了高绝缘电阻测量仪的电压、电阻等量值的准确、可靠,推动了自动化控制系统、在线分析仪表、科研检测分析仪器等先进仪器设备的发展,提高了仪器仪表产品的可靠性,为相关企事业单位和科研部门提供了技术服务保障。

【保存地点】山东省计量科学研究院力诺园区

【计量标准名称】介质损耗测量仪标准装置

【证书编号】[2008]鲁量标证字第 122 号

　　　　　　　[2008]鲁社量标证字第 C122 号

【技术指标】

测量范围：$\tan\delta$：(0.000～10％)；C：(25～10000)pF

不确定度/准确度等级/最大允许误差：

　　　$\tan\delta$：$U=(1\sim18)\times10^{-5}$，$k=2$；C：$U=0.5\ \text{mF/F}$，$k=2$

【技术能力】国内领先

【服务领域】高压介质损耗测量仪主要服务于高端装备产业、电力行业、电力制造业等领域。该标准确保了介质损耗因数、电容量值的准确、可靠，满足了发电厂、变电站、高压电气设备车间、科研单位的高压介质损耗测量仪量值溯源的需求，为高压电气设备等产品质量的提高提供了重要的技术支撑。

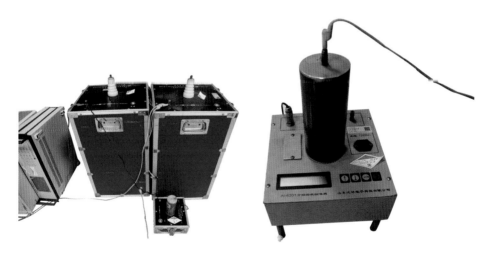

【保存地点】山东省计量科学研究院力诺园区

【计量标准名称】继电保护测试仪校准装置

【证书编号】[2008]鲁量标证字第 123 号

　　　　　　[2008]鲁社量标证字第 C123 号

【技术指标】

测量范围:ACI:0～120 A;相角:0°～360°

　　　　　频率:1 Hz～10 MHz;时间:1 μs～4200 s

不确定度/准确度等级/最大允许误差:

　　　　ACV:±0.007％;ACI:±0.02％;DCV:±0.0005％

　　　　DCI:±0.01％;相角:±0.03°;频率:±0.0005％

　　　　时间:±0.005％

【技术能力】国内先进

【服务领域】继电保护测试仪服务于高端装备、电力行业等领域。该标准保证了继电保护测试仪量值的准确、可靠,满足了山东省电力行业对继电保护测试仪的溯源需求,可以间接保证各类继电器的可靠运行和准确动作,对保证电力系统的安全经济运行、防止事故发生起着关键性作用。

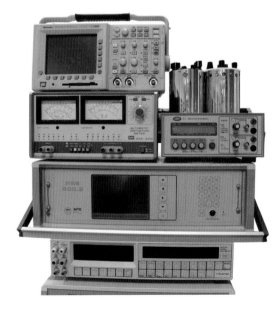

【保存地点】山东省计量科学研究院力诺园区

【计量标准名称】高压电能表检定装置

【证书编号】[2011]鲁量标证字第 142 号

[2011]鲁社量标证字第 C142 号

【技术指标】

测量范围:3×(0.05～10)kV;3×(0.1～1000)A

0°～360°全功率因数

不确定度/准确度等级/最大允许误差:0.03 级

【技术能力】国内先进

【服务领域】高压电能表、高压计量箱(柜)主要应用于高端装备、电力电子、仪器仪表等领域。该标准为高压电能表、高压计量箱(柜)的生产和科学研究等提供了可靠的技术支撑。装置的建立统一了山东省内高压电能表、高压计量箱(柜)的量值,确保了电能计量的准确、可靠,为电力建设运行、电能的贸易结算和仲裁检定提供了技术保障。

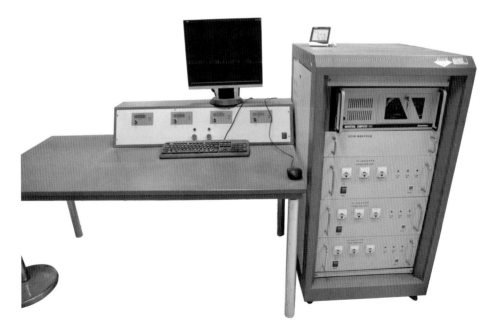

【保存地点】山东省计量科学研究院力诺园区

【计量标准名称】一等直流电阻标准装置

【证书编号】[1992]国量标鲁证字第 094 号

[1992]鲁社量标证字第 Z094 号

【技术指标】

测量范围：10^{-3} Ω～10^5 Ω

不确定度/准确度等级/最大允许误差：一等

【技术能力】国内先进

【服务领域】直流标准电阻广泛应用于电力、交通、材料、电子、通信、航空航天、军工、新能源、新材料、节能减排等领域。该标准是山东省直流电阻量值溯源的源头，为省内各大电力企业、自动化设备制造企业、电气设备制造企业、新能源生产企业、新材料生产企业、各级计量部门及科研院所提供了重要的技术支撑，保证了山东省直流电阻量值的统一。

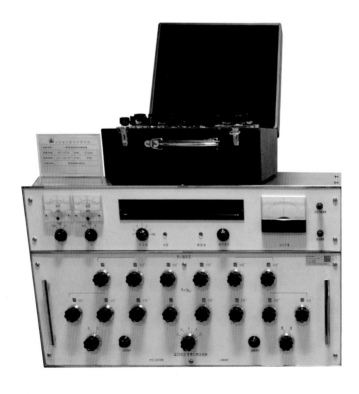

【保存地点】山东省计量科学研究院力诺园区

【计量标准名称】直流电阻箱检定装置

【证书编号】[1986]鲁量标证字第 012 号

[1986]鲁社量标证字第 C012 号

【技术指标】

测量范围:$(10^{-3} \sim 10^{6})$ Ω

不确定度/准确度等级/最大允许误差:MPE:$\pm 0.002\%$

【技术能力】国内先进

【服务领域】直流电阻箱主要应用于新能源新材料产业、高端装备产业、电力产业、航空航天、军工等领域。该标准满足了山东省全省范围内 0.01 级及以下等级直流电阻箱的检定需求,为山东省相关企业和各级计量部门提供了基础技术支撑,保证了山东省直流电阻箱的量值统一。

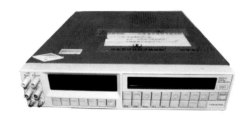

【保存地点】山东省计量科学研究院力诺园区

【计量标准名称】交直流电压、电流、功率表检定装置

【证书编号】〔1986〕鲁量标证字第 027 号

　　　　　　〔1986〕鲁社量标证字第 C027 号

【技术指标】

测量范围:U:(0～1000)V;ACI:(0～100)A

　　　　　DCI:(0～30)A;f:40 Hz～10 kHz

　　　　　φ:0°～360°

不确定度/准确度等级/最大允许误差:±0.03%

【技术能力】国内先进

【服务领域】交直流电压、电流、功率表主要应用于高端装备产业、家电产业、电力产业、医疗卫生等领域。该标准有效服务于山东省内电气设备企业及工业现场大量使用的模拟式仪表,满足了相关企业对基本电量的检定需求,确保了交直流电压、电流、功率量值的准确可靠。

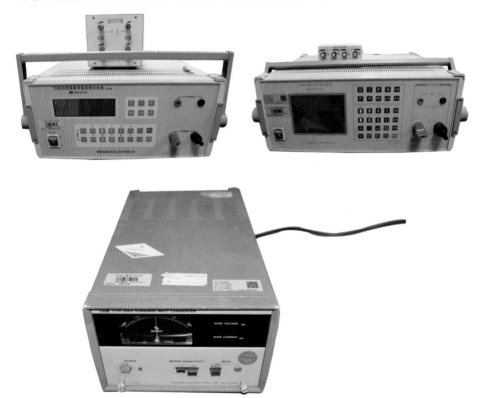

【保存地点】山东省计量科学研究院力诺园区

【计量标准名称】互感器校验仪检定装置

【证书编号】［1990］国量标鲁证字第 078 号

　　　　　　［1990］鲁社量标证字第 Z078 号

【技术指标】

测量范围：比差：±（0.000001％～11.1％）；角差：±（0.0005～500）′

不确定度/准确度等级/最大允许误差：0.2 级

【技术能力】国内领先

【服务领域】互感器校验仪主要服务于高端装备、电力制造等领域。该标准确保了互感器校验仪比值差、角差量值的准确、可靠，满足了山东省各地市计量部门和企业的互感器校验仪量值溯源的需求，为相关企事业单位和科研部门提供了技术服务保障，为保证互感器等相关产品的质量提供了技术支撑。

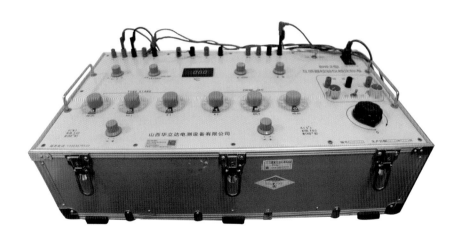

【保存地点】山东省计量科学研究院力诺园区

【计量标准名称】电压互感器标准装置

【证书编号】〔1990〕国量标鲁证字第 077 号

　　　　　　〔1990〕鲁社量标证字第 Z077 号

【技术指标】

测量范围：$(100/\sqrt{3} \sim 1000)\,\text{V}/(100、100/\sqrt{3})\,\text{V};(2\sim10)\,\text{kV}/100\,\text{V}$

不确定度/准确度等级/最大允许误差：0.002 级

【技术能力】国内领先

【服务领域】电压互感器主要应用于高端装备产业、电力行业、电力设备制造行业等领域。本标准保证了山东省电压互感器的比值差、角差量值的准确、可靠，为相关企事业单位和科研部门提供了技术服务保障，为能源计量与节能减排提供了技术支撑。

【保存地点】山东省计量科学研究院力诺园区

【计量标准名称】电流互感器标准装置

【证书编号】[1990]国量标鲁证字第 076 号

　　　　　　[1990]鲁社量标证字第 Z076 号

【技术指标】

测量范围:(0.1~5000)A/5 A

不确定度/准确度等级/最大允许误差:0.002 级

【技术能力】国内领先

【服务领域】电流互感器主要应用于高端装备产业、电力行业、电力设备制造行业等领域。本标准保证了山东省电流互感器的比值差、角差量值的准确、可靠,为相关企事业单位和科研部门提供了技术服务保障,为能源计量与节能减排提供了技术支撑。

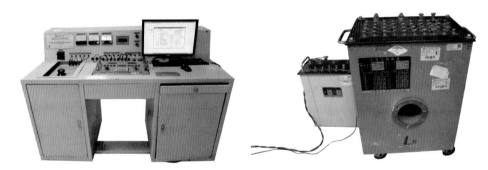

【保存地点】山东省计量科学研究院力诺园区

【计量标准名称】单相工频相位表标准装置

【证书编号】［1995］国量标鲁证字第 108 号

［1995］鲁社量标证字第 Z108 号

【技术指标】

测量范围:0°～360°;(5～500)V;(0.1～10)A;(45～55)Hz

不确定度/准确度等级/最大允许误差:±0.03°

【技术能力】国内先进

【服务领域】单相工频相位表、功率因数表是相位和功率因数检测的重要计量器具,主要应用于高端装备产业、信息产业、家电产业、自动化产业等领域。该标准确保了生产和科研使用中单相工频相位表和功率因数表的相位、功率因数等量值的准确、可靠,为相关企事业单位和科研部门提供了技术支撑。

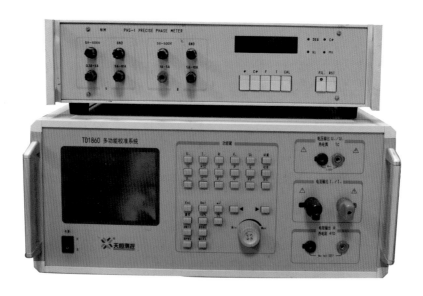

【保存地点】山东省计量科学研究院力诺园区

【计量标准名称】耐电压测试仪检定装置

【证书编号】［1995］鲁量标证字第 113 号

　　　　　　［1995］鲁社量标证字第 C113 号

【技术指标】

测量范围：电压：(0～15)kV；电流：(0～200)mA

不确定度/准确度等级/最大允许误差：

　　　　MPE：AC：±1.0％；DC：±0.5％

【技术能力】国内先进

【服务领域】耐电压测试仪主要应用于高端装备产业、电力产业、家电产业、医疗卫生等领域。该标准保证了耐电压测试仪的交直流高电压、泄漏电流、击穿电流量值的准确、可靠，保障了电气设备和人身的安全，提高了耐电压测试仪产品质量的可靠性，为相关企业提供了技术服务保障。

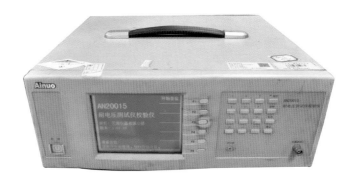

【保存地点】山东省计量科学研究院力诺园区

【计量标准名称】电流互感器检定装置

【证书编号】［1986］鲁量标证字第 013 号

　　　　　　［1986］鲁社量标证字第 C013 号

【技术指标】

测量范围：(0.5～5000)A/5 A

不确定度/准确度等级/最大允许误差：0.01 级

【技术能力】国内领先

【服务领域】电流互感器主要应用于高端装备产业、电力行业、电力设备制造行业等领域。本标准保证了山东省电流互感器的比值差、角差量值的准确、可靠，为相关企事业单位和科研部门提供了技术服务保障，为能源计量与节能减排提供了技术支撑。

【保存地点】山东省计量科学研究院力诺园区

【计量标准名称】直流磁电系检流计检定装置

【证书编号】[1988]鲁量标证字第 031 号

　　　　　　[1988]鲁社量标证字第 C031 号

【技术指标】

测量范围:$(5\times10^{-6}\sim3\times10^{-10})$A/mm

不确定度/准确度等级/最大允许误差:$U_{rel}=1.2\times10^{-2}$,$k=2$

【技术能力】国内先进

【服务领域】检流计主要服务于高端装备产业。本装置可准确一致地把量值逐级传递到生产、国防、科研领域使用的检流计上,为企事业单位和计量部门提供技术支持,使其在精密测量过程中选择灵敏度合适的检流计,从而得到准确、可靠的测量结果。

【保存地点】山东省计量科学研究院力诺园区

【计量标准名称】直流电位差计标准装置

【证书编号】[1988]鲁量标证字第 033 号

[1988]鲁社量标证字第 C033 号

【技术指标】

测量范围:0.1 μV～10 V

不确定度/准确度等级/最大允许误差:$U=5\times10^{-5}$,$k=2$

【技术能力】国内先进

【服务领域】直流电位差计主要应用于钢铁制造、电力设备生产等领域。该标准可有效地服务于实验室、车间、现场测量所使用的 0.05 级及以下等级的直流电位差计,满足相关企业对小信号直流电压的检定需求,确保量值的准确、可靠。

【保存地点】山东省计量科学研究院力诺园区

【计量标准名称】绝缘电阻表检定装置

【证书编号】［1997］鲁量标证字第 027 号

　　　　　　［1997］鲁社量标证字第 C027 号

【技术指标】

测量范围：(0～1111111.1110)MΩ；(100～10000)V

不确定度/准确度等级/最大允许误差：

　　　电阻：±(0.2%～2.0%)；电压：±1%

【技术能力】国内先进

【服务领域】绝缘电阻表属于国家强制检定的计量器具，主要应用于高端装备产业、自动化产业、信息产业、家电产业、医疗卫生等领域。本标准可保障山东省绝缘电阻表的绝缘电阻、电压量值的准确、可靠，提高绝缘电阻表产品质量的可靠性，保障电气设备和人身的安全。

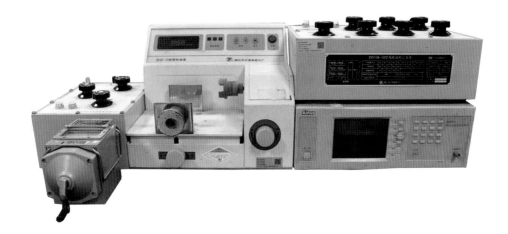

【保存地点】山东省计量科学研究院力诺园区

【计量标准名称】接地电阻表检定装置

【证书编号】[1997]鲁量标证字第 026 号

[1997]鲁社量标证字第 C026 号

【技术指标】

测量范围:(0.010~20001.11)Ω

不确定度/准确度等级/最大允许误差:0.05 级

【技术能力】国内先进

【服务领域】接地电阻表属于国家强制检定的计量器具,主要应用于高端装备产业、电力产业、家电产业、建筑产业等领域。该标准可确保接地电阻表电阻量值的准确、可靠,提高接地电阻表产品质量的可靠性,保障电气设备、建筑和人身的安全,为相关企事业单位提供技术服务。

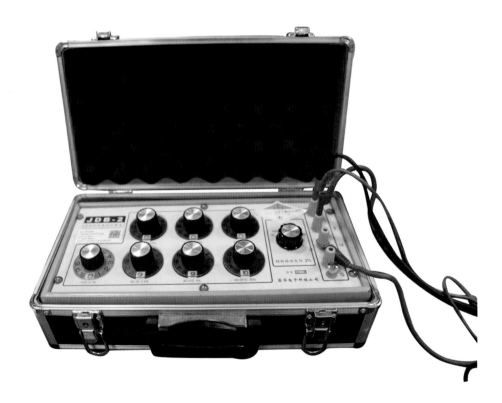

【保存地点】山东省计量科学研究院力诺园区

【计量标准名称】直流分压箱检定装置

【证书编号】［1997］鲁量标证字第 028 号

　　　　　　［1997］鲁社量标证字第 C028 号

【技术指标】

测量范围:0.1 V～1000 V

不确定度/准确度等级/最大允许误差:MPE：±0.001％

【技术能力】国内先进

【服务领域】直流电阻分压箱可以扩展直流电压的测量范围,也可以提升千伏和毫伏的测量准确度,主要应用于高端装备、新能源、新材料、石油化工、铁路、航天等领域。该标准可满足山东省直流分压箱量值溯源的需求,有效保证直流分压箱分压比量值的准确、可靠,提高直流大电压和毫伏小电压测量的准确度。

【保存地点】山东省计量科学研究院力诺园区

【计量标准名称】三用表校验仪检定装置

【证书编号】[1999]鲁量标证字第 015 号

[1999]鲁社量标证字第 C015 号

【技术指标】

测量范围:电压:20 mV～1000 V(40 Hz～20 kHz)

交流电流:50 μA～1 A(40 Hz～1 kHz);1 A～30 A(40～65 Hz)

表面电阻:10 Ω～100 MΩ

不确定度/准确度等级/最大允许误差:

MPE:DCV:±0.0005%;DCI:±0.01%

ACV:±0.015%;ACI:±0.04%;OHMS:±0.001%

【技术能力】国内先进

【服务领域】三用表校验仪主要应用于高端装备产业、自动化产业、家电产业、军工等领域。该标准满足了山东省内各级计量部门、电气设备企业及科研院所各种三用表校验仪的溯源需要,保证了山东省三用表校验仪电压、电流、电阻等基础电参数量值的准确、可靠。

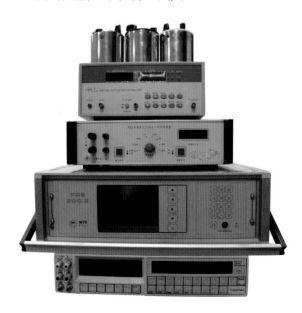

【保存地点】山东省计量科学研究院力诺园区

【计量标准名称】数字多用表检定装置

【证书编号】［1992］国量标鲁证字第 014 号

　　　　　　　［1992］鲁社量标证字第 Z014 号

【技术指标】

测量范围：电阻：100 MΩ

　　　　　交流电压：(0.1～1000)V(40 Hz～20 kHz)

　　　　　交流电流：1 mA～11 A(40 Hz～1 kHz)

不确定度/准确度等级/最大允许误差：

　　　　　MPE：DCV：±0.005％；DCI：±0.01％

　　　　　ACV：±0.05％；ACI：±0.1％；OHMS：±0.01％

【技术能力】国内先进

【服务领域】数字万用表广泛应用于工业现场,可测量交流电流、直流电流、交流电压、直流电压和电阻等电学常用参数,或用于基本电路的故障诊断。该标准保证了数字万用表量值的准确、可靠。

【保存地点】山东省计量科学研究院力诺园区

【计量标准名称】高频 Q 表校准装置

【证书编号】［1988］国量标鲁证字第 058 号

　　　　　　［1988］鲁社量标证字第 Z058 号

【技术指标】

测量范围：f:50 kHz～50 MHz；C:(30～500)pF

　　　　　　Q:10～500(50 kHz～50 MHz)

不确定度/准确度等级/最大允许误差：

　　　　f:MPE:$\pm 2\times 10^{-7}$；C:MPE:$\pm 0.02\%$；Q:MPE:$\pm 2\%$

【技术能力】国内先进

【服务领域】高频 Q 表应用于高端装备、航天航空、电子工业、信息技术、军工等领域。该标准可对无线电工程技术、国防、科研机关、学校、工厂等单位高频 Q 表的频率、电容、Q 值等相关参数进行准确测量，为相关企事业单位和院校及科研部门提供技术服务，确保高频 Q 表的量值准确、可靠，这对高频 Q 表的生产控制、质量评估及实际使用等起着重要的技术支撑作用。

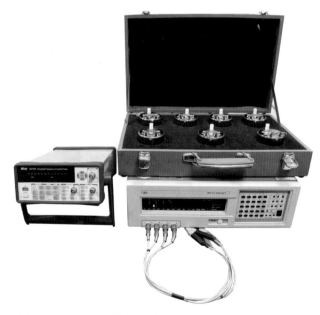

【保存地点】山东省计量科学研究院力诺园区

【计量标准名称】电压互感器检定装置

【证书编号】［2002］国量标鲁证字第 122 号

　　　　　　［2002］鲁社量标证字第 Z122 号

【技术指标】

测量范围：$(110000/\sqrt{3} \sim 100/\sqrt{3})$V/$(100、100/\sqrt{3})$V

不确定度/准确度等级/最大允许误差：0.01 级

【技术能力】国内领先

【服务领域】电压互感器主要应用于高端装备产业、电力行业、电力设备制造行业等领域。本标准保证了山东省电压互感器的比值差、角差量值的准确、可靠，为相关企事业单位和科研部门提供技术服务，为能源计量与节能减排工作提供技术支撑。

【保存地点】山东省计量科学研究院力诺园区

【计量标准名称】三相电能表标准装置

【证书编号】[2002]鲁量标证字第 017 号

[2002]鲁社量标证字第 C017 号

【技术指标】

测量范围:$3×(57.7\sim380)$V;$3×(0.005\sim120)$A;

$0°\sim360°$;连续;45 Hz$\sim$65 Hz

不确定度/准确度等级/最大允许误差:0.02 级

【技术能力】国内先进

【服务领域】交流电能表检定装置主要应用于电厂、电网的发电、输变电、配电环节,以及电能表生产企业、计量检测行业等。该标准保障了山东省内各行业电能量值的准确、可靠,为电能的贸易结算和仲裁检定提供了技术支撑。

 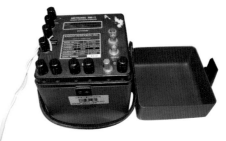

【保存地点】山东省计量科学研究院力诺园区

【计量标准名称】三相电能表检定装置

【证书编号】［2002］鲁量标证字第 018 号

　　　　　　［2002］鲁社量标证字第 C018 号

【技术指标】

测量范围：$3\times(100/\sqrt{3}\sim400)$ V；$3\times(0.005\sim120)$ A；

　　　　　$0°\sim360°$连续；45 Hz$\sim$65 Hz；时间连续

不确定度/准确度等级/最大允许误差：

　　　　MPE：电能：$\pm0.02\%$；时间：±0.05 s/d

【技术能力】国内先进

【服务领域】单、三相电能表是国家重点管理的强制检定计量器具，主要应用于电能计量。该标准涉及电能的贸易结算，广泛应用于电力行业及电动汽车充电桩等新能源领域，为用户和供电部门之间的贸易纠纷提供了仲裁依据，为电力生产企业和电能表生产企业提供了技术保障，为国家电能表质量监督抽查提供了技术保证。

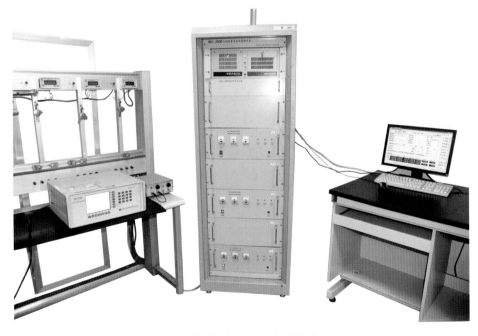

【保存地点】山东省计量科学研究院力诺园区

【计量标准名称】数字多用表标准装置

【证书编号】[2003]国量标鲁证字第 126 号

　　　　　　[2003]鲁社量标证字第 Z126 号

【技术指标】

测量范围:DCU:(0.02～1000)V;DCI:0.02 mA～10 A

　　　　　DCR:1 Ω～100 MΩ

　　　　　ACU:0.01 V～1000 V(10 Hz～1 MHz)

　　　　　ACI:0.1 mA～10 A(60 Hz～5 kHz)

不确定度/准确度等级/最大允许误差:

　　　　　DCU:$U_{rel}=2\times10^{-6}$ V;ACU:$U_{rel}=5.0\times10^{-5}$ V

　　　　　ACU:$U_{rel}=3.9\times10^{-5}$ A;ACI:$U_{rel}=1.4\times10^{-4}$ A

　　　　　DCR:$U_{rel}=8.5\times10^{-6}$ MΩ$(k=2)$

【技术能力】国内先进

【服务领域】数字多用表具有直流电压、直流电流、直流电阻、交流电压和交流电流等多种测量功能,是电学计量中不可或缺的重要仪器,主要应用于高端装备、新能源、新材料、信息产业等领域。该标准满足了山东省高等级数字多用表的量值溯源需求,保障了全省直流电压等量值的准确、可靠。

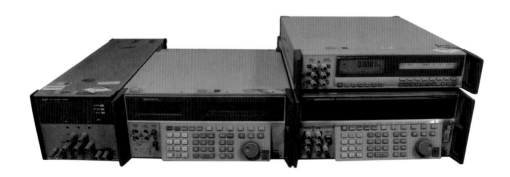

【保存地点】山东省计量科学研究院力诺园区

【计量标准名称】直流电位差计检定装置

【证书编号】［1988］国量标鲁证字第 060 号

　　　　　　［1988］鲁社量标证字第 Z060 号

【技术指标】

测量范围：×1 量限：−0.1111110 V～2.1111110 V

　　　　　×0.1 量限：−0.1111110 V～2.1111110 V

不确定度/准确度等级/最大允许误差：0.0001 级

【技术能力】国内先进

【服务领域】直流电位差计主要服务于高端装备产业,该标准可确保电压量值准确地传递到生产、国防、计量部门使用的直流电位差计上,有效地服务于山东省各大自动化设备生产企业、电器制造企业,各级地震监测部门、计量部门及科研院所,保证了山东省直流电压量值的统一。

【保存地点】山东省计量科学研究院力诺园区

【计量标准名称】电能质量分析仪校准装置

【证书编号】[2018]鲁量标证字第 184 号

[2018]鲁社量标证字第 C184 号

【技术指标】

测量范围:电压:3×(57.7～400)V;电流：3×(0.005～100)A;频率：
45Hz～65Hz;功率:(0～114)kW;功率因数:(0～1);谐波:
2～60 次谐波;闪变:变化率(1～1620)

不确定度/准确度等级/最大允许误差:0.01 级(谐波最大允许误差
±0.025%,闪变最大允许误差±0.25%)

【技术能力】国内先进

【服务领域】电能质量分析仪是一种对电网运行质量进行检测和分析的
专用设备,广泛应用于电力电子、新能源新材料、轨道交通等领域。该标准
满足了山东省内对电能质量分析仪、功率分析仪、谐波功率源等设备的校准
需求,确保了电能质量参数量值的准确可靠,为山东省电力系统和电力科学
研究提供了计量技术支撑和保障。

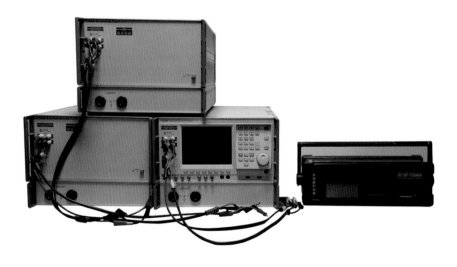

【保存地点】山东省计量科学研究院力诺园区

【计量标准名称】静止式谐波有功电能表检定装置

【证书编号】［2019］鲁量标鲁法证字第 003 号

　　　　　　［2019］鲁社量标证字第 C003 号

【技术指标】

测量范围：基波：电压：3×（10V～400V）；电流：3×（0.001A～100A）；

　　　　　相位：0°～360°；时间：连续测量

　　　　　谐波：（2～60）次；谐波电压：10%基波电压；谐波电流：40%

　　　　　基波电流；谐波相位：0°～360°

不确定度/准确度等级/最大允许误差：

　　　　　基波电能等级：0.05 级

　　　　　谐波电能等级：0.2 级

　　　　　时间：±0.05 s/d

【技术能力】国内领先

【服务领域】静止式谐波有功电能表是一种可准确进行谐波电能计量与分析的高性能电能计量器具，主要应用于电力电子、信息技术、新能源新材料、高端装备、仪器仪表等领域。该标准为静止式谐波有功电能表的生产和研究提供了可靠的技术支撑，为贸易结算、节能减排等提供了重要的技术保障。

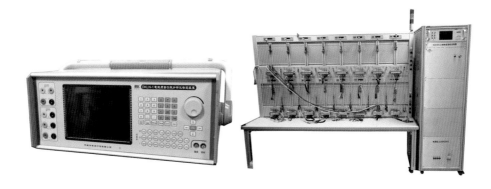

【保存地点】山东省计量科学研究院力诺园区

【计量标准名称】直流电能表检定装置

【证书编号】[2019]鲁量标鲁法证字第 004 号

[2019]鲁社量标证字第 C004 号

【技术指标】

测量范围:电压:1 mV～1150 V

电流:0.1 A～600 A

时间:连续测量

不确定度/准确度等级/最大允许误差:

电能:0.05 级

时间:MPE:±0.05 s/d

【技术能力】国内先进

【服务领域】直流电能表主要应用于新能源新材料、高端装备、电力电子、仪器仪表等领域。该装置适用于电动汽车直流充电和光伏风电逆变的直流电能计量,统一了山东省内直流电能表的量值,保障了山东省内电动汽车及太阳能光伏等行业中的电能量值的准确可靠。该标准广泛应用于直流电能的科学研究和量值溯源,为电能贸易结算提供了技术支撑。

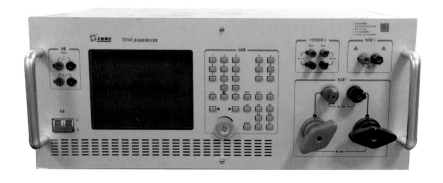

【保存地点】山东省计量科学研究院力诺园区

【计量标准名称】电力互感器检定装置

【证书编号】［2019］鲁量标鲁法证字第 047 号

　　　　　　　［2019］鲁社量标证字第 C047 号

【技术指标】

测量范围:电压:(6～400)kV/(100、100/$\sqrt{3}$)V

　　　　　电流:(0.1～5000)A/(5 A、1 A)

不确定度/准确度等级/最大允许误差:

　　　电压:0.05 级

　　　电流:0.01 级

【技术能力】国内先进

【服务领域】电力互感器主要应用于高端装备产业、电力行业、电力设备制造行业等领域。该装置主要用于开展电压等级为(6～400)kV、电流范围为(0.1～5000)A,准确度 0.1 级及以下的电力互感器的检定及校准。该装置也可用于工频电压分压器和大电流发生器的电压、电流的校准,为山东省发电企业及变压器生产企业的量值溯源提供了保障。

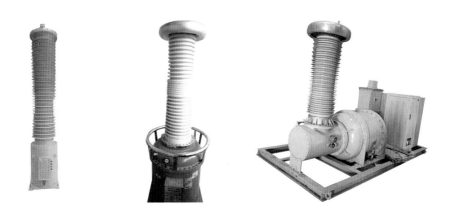

【保存地点】山东省计量科学研究院特高压实验室

【计量标准名称】直流电桥检定装置

【证书编号】[2019]鲁量标鲁法证字第 044 号

[2019]鲁社量标证字第 C044 号

【技术指标】

测量范围：$(10^{-3} \sim 10^{6})$ Ω

不确定度/准确度等级/最大允许误差：MPE：$\pm 0.002\%$

【技术能力】国内先进

【服务领域】直流电桥广泛应用于轨道交通、新能源新材料、高端装备制造、电力、航空航天、军工等领域。该标准主要用丁满足山东省范围内 0.01 级及以下等级直流电桥、直流测温电桥的检定需求，为山东省相关企业和各级计量部门提供基础技术支持，保证了山东省直流电桥量值传递的准确可靠。

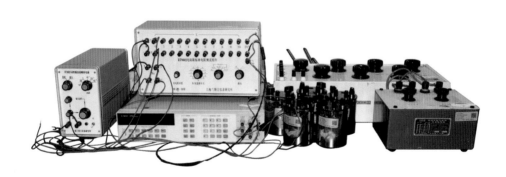

【保存地点】山东省计量科学研究院力诺园区

第六章　无线电社会公用计量标准

无线电计量应用广泛,与许多行业密切相关,是计量学的重要分支之一,对现代科技中微波技术、信号处理技术以及通信技术等的发展有极大的推动作用。无线电计量参数(参量)较多,仅基本的和比较重要的参数就有近 20 个,还有一些与无线电测量设备相关的参量或综合参数,目前大致可分为如下几大类:信号强度、信号特性、电路参量、网络特性、材料特性、电磁兼容性、超低频参数等。

随着科学技术的进步,无线电计量在科学技术、国防工业、国民经济和社会发展各个领域的应用越来越广泛,已成为一门发展迅速、应用广泛、与许多行业密切相关、对现代科学技术发展有巨大推动作用的学科,是一个国家现代科学技术与国防现代化水平的重要标志之一,为生产、民生、贸易、科学技术与社会发展提供着结果准确一致的技术保证,为维护国家权益、增强贸易竞争力、突破技术性贸易壁垒提供着技术支持。随着无线电计量的新参数不断涌现,原有的参数也在不断增添新的内容,这就给无线电计量技术带来了新的挑战:一是基础前沿研究技术深度的挑战,如扩展量程范围、展宽频率覆盖等;二是应用研究技术广度的挑战。如何快速建立具有竞争力的无线电计量核心能力以保障国防安全,促进科技创新,推动产业升级,是无线电计量工作的首要任务。

经计量行政部门批准,山东省计量科学研究院已建立了 9 项无线电计量社会公用计量标准,其中 6 项为山东省最高计量标准,可以开展包含脉冲参数、信号特性、电压失真及集成电路等类别的设备的计量溯源。服务领域涉及范围也越来越广泛,主要包括无线通信、卫星导航、航空航天、环境监测、生命科学、国民贸易以及国防军工等高新技术产业。山东省无线电计量事业的发展主要专注于脉冲参数、信号特性等参量测量方法和测试技术的研究,随着各项标准的建立和能力资质的提升,山东省无线电计量逐步覆盖了全省计量院所及电子、通信等行业,为全省无线电计量量值传递的准确、可靠提供了保障。

【计量标准名称】电视信号发生器校准装置

【证书编号】[2017]国量标鲁证字第 194 号

　　　　　　[2017]鲁社量标证字第 Z194 号

【技术指标】

测量范围:幅度输入范围:1 mV～1000 mV

　　　　　波形持续时间:1 ns～150 μs

　　　　　相位测量范围:0°～360°

不确定度/准确度等级/最大允许误差:

　　　亮度电平:$U_{\mathrm{rel}}=0.6\%$,$k=2$

　　　色度电平:$U_{\mathrm{rel}}=1.2\%$,$k=2$

　　　相位:$U=0.6°$,$k=2$

　　　波形持续时间测量不确定度:$U_{\mathrm{rel}}=0.4\%$,$k=2$

【技术能力】国内先进

【服务领域】电视信号发生器主要应用于信息技术产业、家电产业等领域。该标准确保了电视信号发生器电平、相位及波形持续时间等量值的准确可靠,为电视制造业提供了必要的计量保障,促进了电视机产业的迅猛发展。

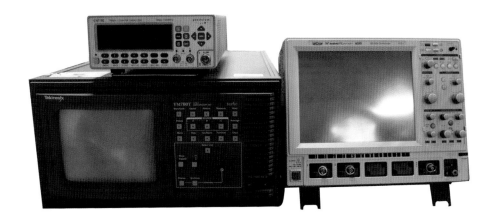

【保存地点】山东省计量科学研究院力诺园区

【计量标准名称】高频电压标准装置

【证书编号】〔1986〕国量标鲁证字第 021 号

〔1986〕鲁社量标证字第 Z021 号

【技术指标】

测量范围:电压:1 mV～3 V;频率:10 Hz～500 MHz

不确定度/准确度等级/最大允许误差:

电压 MPE:±0.1%;频响 MPE:±0.3%

【技术能力】国内先进

【服务领域】高频电压主要应用于国防军工、航空航天及电子通信等领域。该标准保障了高频电压量值的准确、可靠,为下级计量机构和各行业的高频电压计量标准提供了高频电压参数的量值溯源服务,为相关领域的科研项目和生产使用提供了技术支撑。

【保存地点】山东省计量科学研究院力诺园区

【计量标准名称】低频电压标准装置

【证书编号】［1986］国量标鲁证字第 030 号

　　　　　　　［1986］鲁社量标证字第 Z030 号

【技术指标】

测量范围：电压：10 mV～300 V；频率：10 Hz～1 MHz

不确定度/准确度等级/最大允许误差：±（0.02～0.4）%

【技术能力】国内先进

【服务领域】低频电压主要应用于国防军工、航空航天及电子通信等领域。该标准保障了低频电压量值传递的可靠性与准确性，为军工、航天及通信产业的科研项目及生产应用提供了技术支撑，提高了相关仪器仪表在低频电压参数方面的可靠性。

【保存地点】山东省计量科学研究院力诺园区

【计量标准名称】信号发生器检定装置

【证书编号】[1986]国量标鲁证字第 031 号

　　　　　　[1986]鲁社量标证字第 Z031 号

【技术指标】

测量范围:频率:150 kHz～1300 MHz;电平:(＋30～－127)dBm

　　　　调幅:5％～99％;调频:(0～400)kHz

不确定度/准确度等级/最大允许误差:

　　　　频率:±5×10^{-8};电平:(0.2～0.5)dB,$k＝2$

　　　　调幅:±(1～3)％;调频:±(1～3)％

【技术能力】国内先进

【服务领域】信号发生器主要应用于电子工业、移动通信及航空航天等领域。该标准保障了信号发生器的频率、功率、调频及调幅等量值的准确、可靠,为我国航天科技的发展、数字通信系统的可靠运行提供了技术支撑,推动了相关产业科研及生产的发展。

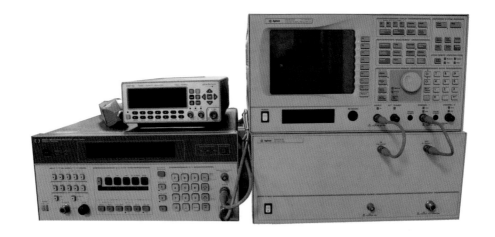

【保存地点】山东省计量科学研究院力诺园区

【计量标准名称】示波器检定装置

【证书编号】[2012]国量标鲁证字第 145 号

[2012]鲁社量标证字第 Z145 号

【技术指标】

测量范围:直流电压:1 MΩ,±(5 mV～200 V);50 Ω,±(5 mV～5 V)

脉冲幅度:1 MΩ,±(5 mV～200 V);50 Ω,±(5 mV～5 V)

正弦波幅度平坦度:5 mVpp～5 Vpp(0.1 Hz～6.4 GHz)

时标信号:0.2 ns～50 s;快沿脉冲:70 ps

不确定度/准确度等级/最大允许误差:

直流电压:±(0.025%+25 μV)

脉冲幅度:±(0.1%+10 μV)

正弦波幅度平坦度:±5.0%

时标信号:±0.25 ppm;快沿脉冲:+15 ps

【技术能力】国内先进

【服务领域】示波器主要应用于航空航天、电子工业、高速数字通信及电子仪器仪表等领域。该标准保证了示波器幅度、时间、脉冲响应等量值的准确、可靠,为移动通信、电子信息产业提供了技术支撑,推动了数据通信的发展。

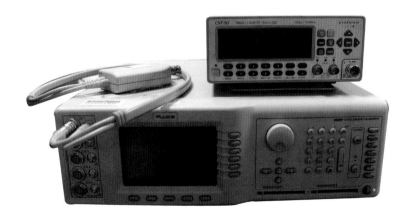

【保存地点】山东省计量科学研究院力诺园区

【计量标准名称】失真度仪检定装置

【证书编号】〔1986〕国量标鲁证字第 033 号

　　　　　　　〔1986〕鲁社量标证字第 Z033 号

【技术指标】

测量范围:失真度:0.003%~100%(10 Hz~100 kHz)

　　　　　电压:10 mV~100 V(10 Hz~1 MHz)

不确定度/准确度等级/最大允许误差:

　　　　　失真度:MPE:±(0.5%~5%);电压:MPE:±0.02%

【技术能力】国内先进

【服务领域】失真度测量仪主要应用于移动通信产业、电子仪器仪表产业等领域。该标准保证了失真度测量仪的失真度、频响等量值的准确、可靠,为广泛应用到科研、教学以及工业生产中的电子仪器的工作频带、失真度测量提供了有效的技术支撑,推动了电子工业、数字通信产业的快速发展。

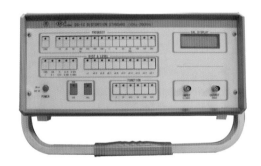

【保存地点】山东省计量科学研究院力诺园区

【计量标准名称】半导体管特性图示仪校准装置

【证书编号】［1988］鲁量标证字第 035 号

　　　　　　　［1988］鲁社量标证字第 C035 号

【技术指标】

测量范围：电压：0.1 V～1000 V；电流：10 μA～10 A

不确定度/准确度等级/最大允许误差：MPE：±0.5％

【技术能力】国内先进

【服务领域】半导体管特性图示仪主要应用于信息技术产业、电子工业等领域。该标准确保了生产及科研使用中的半导体管特性图示仪的电压、电流等量值的准确、可靠，为电子仪表产业中设备生产的质量控制提供了技术支撑，推动了数字控制系统类先进仪器设备的发展。

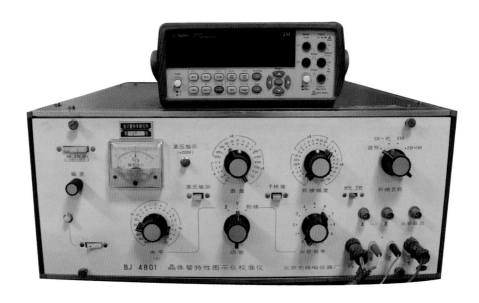

【保存地点】山东省计量科学研究院力诺园区

【计量标准名称】晶体管特性图示仪校准仪检定装置

【证书编号】［1997］鲁量标证字第 023 号

　　　　　　［1997］鲁社量标证字第 C023 号

【技术指标】

测量范围：U：$(0\sim1000)$ V；I：$(0\sim10)$ A

不确定度/准确度等级/最大允许误差：$U_{rel}=5.0\times10^{-4}$，$k=2$

【技术能力】国内先进

【服务领域】晶体管特性图示仪校准仪主要应用于信息技术产业，是用来对晶体管特性图示仪进行检定及校准的专用标准设备。该标准保证了晶体管特性图示仪校准仪电压、电流量值的准确、可靠，为晶体管特性图示仪的生产及应用工作提供了保障，为电子工业的相关科研及应用提供了技术支持。

【保存地点】山东省计量科学研究院力诺园区

【计量标准名称】地感线圈测速系统检定仪检定装置

【证书编号】[2018]鲁量标证字第 186 号

　　　　　　　[2018]鲁社量标证字第 C186 号

【技术指标】

测量范围：(10～200)km/h

不确定度/准确度等级/最大允许误差：

$$U＝5×10^{-5}\ \text{km/h}，k＝2$$

【技术能力】国内先进

【服务领域】地感线圈测速系统检定仪主要应用于道路交通监控、公共安全、制造业等领域。该检定装置适用于对交通管理部门和其他相关管理部门的地感线圈测速系统检定仪的检定与校准。该标准保证了机动车超速自动监测系统的准确可靠，为道路交通执法的公平公正提供了技术支撑。

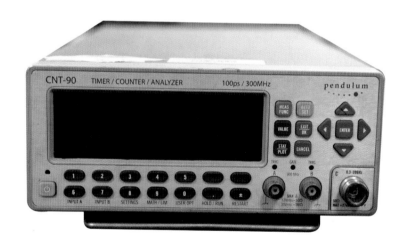

【保存地点】山东省计量科学研究院力诺园区

第七章　时间频率社会公用计量标准

　　时间频率是国际单位制 7 个基本单位中目前准确度最高、应用最广的，因而是最重要的基本单位。其他基本单位中，长度单位米(m)、电学重要单位伏特(V)定义的复现直接联系着时间频率。另有许多物理量，如距离、位移、加速度、温度、力等都需转化到时间频率上来加以测量，这样常常可以提高测量效率和精度。

　　独立自主的时间频率体系关乎国家安全和核心利益，时间频率行业是电子信息制造业的细分子行业，为计算机设备制造业、通信设备制造业、广播电视设备制造业、雷达及配套设备制造业等电子信息制造业的其他子行业提供着基础产品和技术支撑，是电子信息制造业的关键及核心领域。时间频率产品通常是客户整机系统的核心部件，作为信息技术的重要支撑技术之一，在国防科技、国民经济建设和社会生活等各个领域中具有举足轻重的作用。随着通信技术的进步，通信技术条件、计费方法、通话时段的精确测量也变得越来越重要，这样才能减少计费差错，保护广大手机用户和固定电话用户的切身利益，对电信运营商的话费处理结算进行检测监督，促进各计量管理部门、无线电工程技术、国防通信等领域中相关产业的发展，保障消费者的权益，助力数字通信和贸易结算。

　　经山东省计量行政部门批准，山东省计量科学研究院建立了 10 项该领域的社会公用计量标准，服务涉及电子、天文导航、高速数字通信、交通运输、基础研究、国防航空航天、国际贸易、工业自动化、电力、国民经济和科学实验等多个方面。现有时间频率计量标准已基本覆盖时间频率参量的溯源需求，主要负责对石英晶体振荡器、微波频率计、通用计数器、时间检定仪、电话计时计费器等计量器具进行检定和校准，承担相关专业计量标准的建立与维护，规程、规范的起草，测量技术的研究等工作，以保证计量单位制的统一和量值的准确、可靠。为更好地对电力、计量等部门电能表检定装置内时钟的准确、可靠提供技术支持，山东省现已建立完成社会公用计量标准——时钟测试仪校准装置，为全省经济、贸易、公共安全、环境保护、科技创新和质量提升提供了重要的技术支撑。

【计量标准名称】剩余电流动作保护器动作特性检测仪校准装置

【证书编号】〔2013〕鲁量标证字第 152 号

〔2013〕鲁社量标证字第 C152 号

【技术指标】

测量范围:电流:(10～2500)mA;时间:(20～5000)ms

不确定度/准确度等级/最大允许误差:

电流:MPE:±(0.1%读数+0.1 mA)

时间:MPE:±0.1 ms

【技术能力】国内先进

【服务领域】剩余电流动作保护器动作特性检测仪主要用于在建筑行业进行安全检测。该标准保证了剩余电流动作保护器动作特性检测仪、漏电开关测试仪、剩余电流装置测试仪的电流及时间量值的准确、可靠,有助于企业提高工作质量,降低作业风险。

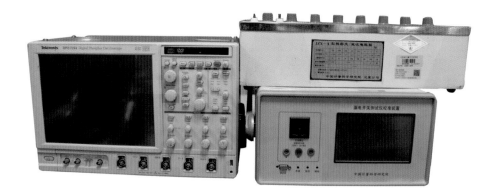

【保存地点】山东省计量科学研究院力诺园区

【计量标准名称】局用交换机计时计费系统检定装置

【证书编号】［2007］鲁量标证字第 109 号

　　　　　　［2007］鲁社量标证字第 C109 号

【技术指标】

测量范围：计时：$(1\sim1200)s$；大话务量呼叫：10 万次以上

不确定度/准确度等级/最大允许误差：

　　　MPE：计时：$\pm0.1\ s$；大话务量呼叫差错率：$\pm1\times10^{-6}$

【技术能力】国内领先

【服务领域】局用交换机计时计费系统应用于信息技术、电子通信、国防等领域。该标准确保了局用交换机计时计费系统量值的准确、可靠，保证了计费系统的准确性，保护了广大手机用户和固定电话用户的切身利益，对电信运营商的话费处理结算进行了有效的监督，对贸易结算和民生计量起到了保障作用。

【保存地点】山东省计量科学研究院力诺园区

【计量标准名称】电话计费器检定仪检定装置

【证书编号】［2007］鲁量标证字第 110 号

　　　　　　　［2007］鲁社量标证字第 C110 号

【技术指标】

测量范围:计时:10 ns～10^8 s

不确定度/准确度等级/最大允许误差:晶振频率:MPE:$\pm 3 \times 10^{-8}$

【技术能力】国内先进

【服务领域】电话计费器检定仪应用于信息技术、电子通信、国防等领域。该标准可对电话计费器检定仪模拟输出的各项参数进行精确测量,确保电话计费领域量值的准确传递,促进各计量管理部门、无线电工程技术、国防通信等领域中相关产业的发展,保证电话计费器检定仪在使用中的准确、可靠,对贸易结算和国计民生起着保障作用。

【保存地点】山东省计量科学研究院力诺园区

【计量标准名称】电话计时计费器检定装置

【证书编号】[1995]鲁量标证字第 040 号

　　　　　　[1995]鲁社量标证字第 C040 号

【技术指标】

测量范围:计时:0.1 s～2000 s

不确定度/准确度等级/最大允许误差:MPE:$\pm2.2\times10^{-4}$

【技术能力】国内先进

【服务领域】电话计时计费器应用于信息技术、电子通信、国防、国民经济、民生贸易等领域。该标准可对通信技术条件、计费方法、通话时段进行精确测量,确保了电话计时计费器量值的准确、可靠,促进了各计量管理部门、无线电工程技术、国防通信等领域中相关产业的发展,保障了消费者的权益,助力无线电通信和贸易结算。

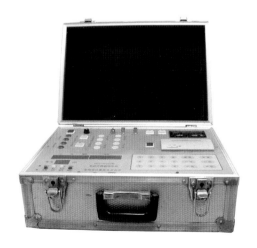

【保存地点】山东省计量科学研究院力诺园区

【计量标准名称】铷原子频率标准装置

【证书编号】[1986]国量标鲁证字第 019 号

[1986]鲁社量标证字第 Z019 号

【技术指标】

测量范围:频率:5 MHz,10 MHz;1 Hz～3 GHz

不确定度/准确度等级/最大允许误差:MPE:$\pm 5 \times 10^{-11}$

【技术能力】国内领先

【服务领域】石英晶体频率标准装置、通用计数器、微波频率计数器、电子测量仪器内石英晶体振荡器主要应用于高端装备产业、信息技术、数字通信、经济建设、国防等领域。该标准确保了高精度频率标准信号的量值溯源和频率量值的准确、可靠,适用于时间频率的计量、无线电导航与定位、导弹和卫星的跟踪、天文研究、地质勘探、数字通信的同步、精密守时和授时等。

【保存地点】山东省计量科学研究院力诺园区

【计量标准名称】秒表检定仪检定装置

【证书编号】〔1994〕国量标鲁证字第 042 号

　　　　　　〔1994〕鲁社量标证字第 Z042 号

【技术指标】

测量范围：频率：1 MHz、5 MHz、10 MHz

　　　　　时间间隔：0.1 ms～3600 s

不确定度/准确度等级/最大允许误差：

　　　　频率准确度：$U_{rel}=1\times10^{-9}$，$k=2$

　　　　时间间隔：MPE：$\pm(1\times10^{-9}\times T+300\ ns)$

【技术能力】国内先进

【服务领域】秒表检定仪应用于高端装备、信息技术、电子工业、数字通信等领域。该标准确保了秒表检定仪频率、时间间隔量值的准确、可靠，可对各级计量部门、企业、院校及科研单位的时间检定仪等设备进行精确测定，并开展量值传递工作及技术服务，以满足社会经济发展和工业生产的需要。

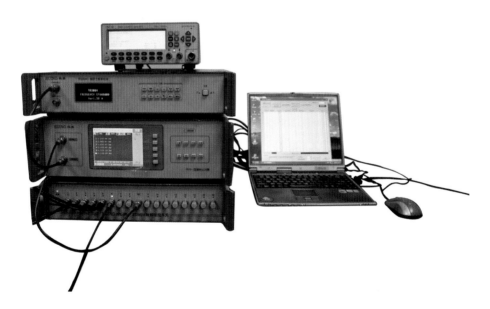

【保存地点】山东省计量科学研究院力诺园区

【计量标准名称】秒表检定装置

【证书编号】[1988]鲁量标证字第 036 号

[1988]鲁社量标证字第 C036 号

【技术指标】

测量范围:电子秒表:1 s~1 h;机械秒表:(3~1800)s

电秒表:(1~600)s

不确定度/准确度等级/最大允许误差:

电子秒表、机械秒表:MPE:±($2\times10^{-7}\times$输出时间+0.003 s)

指针式电秒表:MPE:±0.6 ms

数字式电秒表:MPE:±($2\times10^{-7}\times$输出时间+3 μs)

【技术能力】国内先进

【服务领域】秒表应用于信息技术、新能源、新材料、电子工业、数字通信、绿色低碳、体育竞技等领域。该标准确保了电子秒表、机械秒表、指针式电秒表的时间量值的准确、可靠,为相关企事业单位和院校及科研部门提供了技术服务保障,可有效地对计时仪器开展量值溯源工作。

【保存地点】山东省计量科学研究院力诺园区

【计量标准名称】多用时间检定仪标准装置

【证书编号】[1988]鲁量标证字第 034 号

[1988]鲁社量标证字第 C034 号

【技术指标】

测量范围:毫秒计:1 ms～10 s

不确定度/准确度等级/最大允许误差:

$$MPE:\pm(5\times10^{-7}\times 时间间隔+3 \ \mu s)$$

【技术能力】国内先进

【服务领域】毫秒计应用于信息技术、新能源、新材料、电子工业、数字通信等领域。该标准确保了毫秒计的时间量值的准确、可靠,可以有效地开展对毫秒计的量值溯源工作,可帮助各企事业单位和院校及科研部门对时间参数进行高准确度的测量。

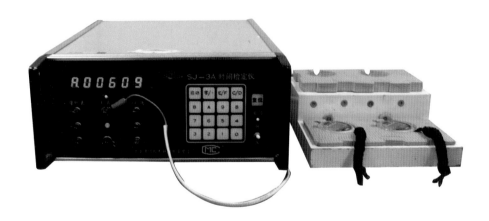

【保存地点】山东省计量科学研究院力诺园区

【计量标准名称】数字式时间间隔测量仪检定装置

【证书编号】［1997］鲁量标证字第 030 号

　　　　　　［1997］鲁社量标证字第 C030 号

【技术指标】

测量范围:10 ns～1 d

不确定度/准确度等级/最大允许误差:MPE:$\pm(1\times10^{-7}\times T_0 + 1\ \text{ns})$

【技术能力】国内先进

【服务领域】数字式时间间隔测量仪应用于高端装备、信息技术、数字通信、航空航天、国防等领域。该标准确保了生产、科研使用的数字式时间间隔测量仪时间间隔量值的准确、可靠,为相关企事业单位和院校及科研部门提供了技术服务保障,推动了仪器设备的发展,提高了仪器产品的可靠性,满足了社会经济发展和国防建设的需要。

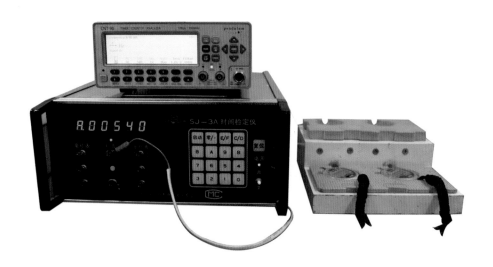

【保存地点】山东省计量科学研究院力诺园区

【计量标准名称】时钟测试仪校准装置

【证书编号】［2019］鲁量标鲁法证字第 013 号

　　　　　　［2019］鲁社量标证字第 C013 号

【技术指标】

测量范围：频率：1 Hz～10 MHz

　　　　　日计时误差：（－10～10）s

不确定度/准确度等级/最大允许误差：

　　　频率：±2×10^{-10}

　　　日计时误差：±0.01 s

【技术能力】国内领先

【服务领域】时钟测试仪主要应用于高端装备、信息技术、电力电子等领域。该标准统一了山东省内时钟测试仪的量值，确保了电能表生产企业及计量部门的电能表检定装置内置时钟量值的统一和准确可靠，满足了社会经济发展和工业生产的需要。

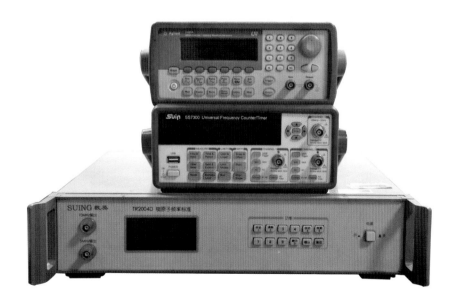

【保存地点】山东省计量科学研究院力诺园区

第八章　光学社会公用计量标准

　　光学计量是 10 大计量专业之一,其内容是关于光辐射能量从发射经媒介的传输到被接收器探测这一过程中的测量,既包含纯物理的测量,也包含采用模拟人眼感觉的心理和生理测量。光学计量最核心的单位是坎德拉(cd),也是国际单位制 7 个基本单位之一。光学计量包含的范围相当广泛,主要包括光度、辐射度、光谱光度、色度、激光参数、光学材料参数、成像光学、光纤和光通信参数、光电子器件参数等计量测试。

　　光学计量是一门既古老又年轻的学科,随着科技的进步,光学计量技术得到了飞速的发展,目前已发展成为强大的光学工业和光学技术领域,并渗透到了其他各个科学领域,如空间科学、天体物理学、光生物学、光化学等都通过光学计量技术获得了大量有用的信息,为国民经济建设服务。现代光学计量技术已不仅仅依赖望远镜、显微镜之类的简单光学仪器,而是发展成具有实现观察、分析、测量、控制、信息传递和处理等多种功能,并包含可见光、红外线、紫外线、激光、全息、光通信、光电子、光储存等多波段的,各种先进技术密切结合的蓬勃发展的科学技术领域,且已成为未来信息社会的重要支柱。山东省光学计量已经初步建立起完善的计量体系,从光度、辐射度、色度、光谱光度、材料光学特性、激光辐射度、光电子等各方面建立了从国家计量基准、省计量院和行业计量站的计量标准,一直到工作计量器具的量值传递和数值溯源体系。

　　进入 21 世纪后,光学计量的发展将主要体现在量值准确度的持续提高、量程范围和波段的不断扩展、覆盖量值范围的不断扩大等方面。从提高基标准准确度的角度来说,量子化是光学计量未来发展的重要方向;在光度学方面,基于陷阱探测器的光度计将进一步提高光度探测器的准确度。在光学计量中的波段和量程这两方面,还有大量的测量能力空缺需要填补:在波段上,会逐渐覆盖光学辐射的全部波段,光辐射测量的下限已经达到的波长为 1 nm,光辐射测量的上限已经与无线电波波段重合,光谱辐射、光谱透反射测量正在逼近波长为 1 mm 的光辐射波段,对这个上限的覆盖在目前蓬勃发展的太赫兹计量中已经得到了充分体现;在量程上,低端至单光子探测、单光子源,高端从千瓦级功率水平的连续激光以及脉冲高能激光不断挑战极限、向上扩展。

　　光学计量是一门基础计量学科,它的过去、现在和将来一直都是伴随着科学技术的发展和仪器设备制造水平的提高而不断进步和完善的,覆盖的量值范围也在不断增加,准确度不断提高,量程和量限不断挑战极限,为科学技术的进步和经济贸易的发展提供了越来越紧密的支撑。

　　目前,山东省计量科学研究院光学计量专业共建立省级社会公用计量标准 13 项,保障了全省光学量值的统一和准确。

【计量标准名称】白度计检定装置

【证书编号】[1992]国量标鲁证字第 050 号

[1992]鲁社量标证字第 Z050 号

【技术指标】

测量范围:蓝光白度:0.0～100.0

不确定度/准确度等级/最大允许误差:$U_{(R457)}=1.6, k=2$

【技术能力】国内先进

【服务领域】白度计是测量白色和近白色物体表面白度值的仪器,广泛应用于新能源、新材料、高端化工、食品药品、纺织印染、纸张纸板、陶瓷等领域。该标准解决了多年来行业内目视评测的难题,为相关产业产品的质量管理、品级评定等需求提供了计量依据,为陶瓷、造纸、食品等企业的生产加工、出口贸易提供了技术支撑。

【保存地点】山东省计量科学研究院千佛山园区

【计量标准名称】标准色板检定装置

【证书编号】［2005］国量标鲁证字第 116 号

　　　　　　　［2005］鲁社量标证字第 Z116 号

【技术指标】

测量范围:刺激值 Y:0.0～100.0

　　　　　色坐标 x,y:全色域

不确定度/准确度等级/最大允许误差:

　　　　　刺激值 Y:$U=1.8,k=2$

　　　　　色坐标 x,y: $U=0.0048,k=2$

【技术能力】国内先进

【服务领域】标准色板是用来测量颜色的重要计量器具,它不仅可以检定测色仪器,而且可以作为目视评判颜色样品的标准,广泛应用于建筑材料、塑料加工、印刷等领域。该标准为山东省内相关行业色度值的量值准确、溯源及统一提供了计量依据和技术支持。

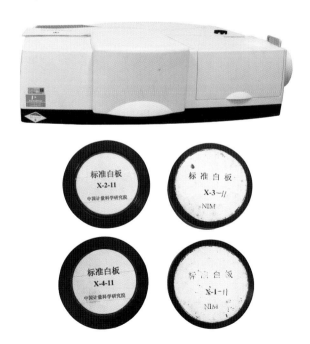

【保存地点】山东省计量科学研究院千佛山园区

【计量标准名称】测色色差计检定装置

【证书编号】[1998]国量标鲁证字第 079 号

[1998]鲁社量标证字第 Z079 号

【技术指标】

测量范围:刺激值 Y:0.0～100.0

色坐标 x,y:0.0～0.9

不确定度/准确度等级/最大允许误差:

刺激值 Y:$U=1.6,k=2$

色坐标 x,y:$U=0.004,k=2$

【技术能力】国内先进

【服务领域】测色色差计是测量非荧光物体表面色及色差的光学测量仪器,广泛应用于塑料、涂料、纺织、印刷、化工、冶金、建材、医药、食品、文物管理等行业。该标准可对一级和二级测色色差计进行检定和校准工作,确保了各行业测色色差计量值的准确和统一。

【保存地点】山东省计量科学研究院千佛山园区

【计量标准名称】黑白密度片检定装置

【证书编号】[2008]国量标鲁证字第 024 号

　　　　　　[2008]鲁社量标证字第 Z024 号

【技术指标】

测量范围:光密度:(0.00~4.00)

不确定度/准确度等级/最大允许误差:

$$0.0 < D \leqslant 2.0 : U = 0.015 , k = 2$$

$$2.0 < D \leqslant 4.0 : U = 0.020 , k = 2$$

【技术能力】国内先进

【服务领域】黑白密度片是用于检定和校准各类透射式光学密度计密度示值的计量器具,广泛应用于电影胶片洗印、感光胶片、印刷制版、工业探伤、医疗卫生、劳动保护等领域。该标准可实现对各行业标准密度片和工作密度片的检定和校准工作,确保了密度片密度值的准确性,同时也保证了各类透射式光学密度计对密度值的准确测量。

【保存地点】山东省计量科学研究院千佛山园区

【计量标准名称】镜向光泽度标准装置

【证书编号】[1998]国量标鲁证字第 054 号

　　　　　　[1998]鲁社量标证字第 Z054 号

【技术指标】

测量范围:光泽度范围:(0.0～150.0)GU

不确定度/准确度等级/最大允许误差:$U=1.0\,\text{GU},k=2$

【技术能力】国内先进

【服务领域】镜向光泽度计用于测量油漆、纸张、塑料、搪瓷、陶瓷、铝及铝合金等平面制品的镜向光泽度,广泛应用于汽车制造、高端化工、纺织印染、纸张纸板以及陶瓷等领域。该标准为光泽度计量值的溯源提供了可靠的保障,同时为陶瓷、汽车制造等企业的生产加工、出口贸易提供了技术支撑。

【保存地点】山东省计量科学研究院千佛山园区

【计量标准名称】漫透射视觉(黑白)密度计标准装置

【证书编号】[2001]鲁量标证字第 002 号

　　　　　　[2001]鲁社量标证字第 Z002 号

【技术指标】

测量范围:光密度:(0.05~4.00)

不确定度/准确度等级/最大允许误差:

$$0.0 < D \leqslant 2.0 : U = 0.010, k = 2$$

$$2.0 < D \leqslant 4.0 : U = 0.015, k = 2$$

【技术能力】国内先进

【服务领域】漫透射视觉密度计是测量感光材料光学性能的主要计量器具,广泛应用于摄影、医学 X 光诊断、工业 X 光无损检测以及分子生物学等行业。该标准可对各行业所用的漫透射视觉密度计进行检定和校准工作,实现了对密度计透射密度参数的量值溯源及统一,同时也为相关感光材料的生产提供了质量保障。

【保存地点】山东省计量科学研究院千佛山园区

【计量标准名称】光照度标准装置

【证书编号】〔2007〕国量标鲁证字第 085 号

　　　　　　〔2007〕鲁社量标证字第 Z085 号

【技术指标】

测量范围:(20～3000)lx

不确定度/准确度等级/最大允许误差:$U_{rel}=1.0\%,k=2$

【技术能力】国内先进

【服务领域】照度计是一种专门测量物体被照明程度的仪器,与人们的生活有着密切的关系,广泛应用于消防检测、疾病控制、质量检测、医疗检测、建筑照明检测等领域。该标准解决了各领域所使用照度计的溯源问题,为各领域照度的测量提供了保障。

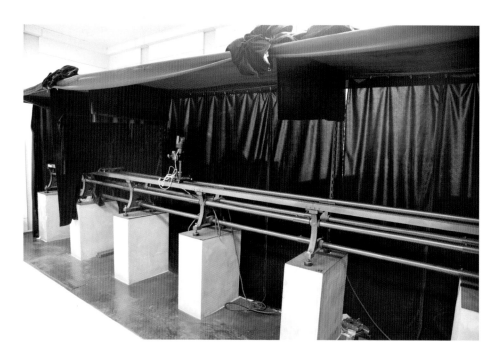

【保存地点】山东省计量科学研究院千佛山园区

【计量标准名称】紫外辐射照度标准装置

【证书编号】[2008]国量标鲁证字第 026 号

[2008]鲁社量标证字第 Z026 号

【技术指标】

测量范围:UV-A$_1$ 波段:(10~2000)μW/cm^2

UV-C 波段:(10~1000)μW/cm^2

不确定度/准确度等级/最大允许误差:

UV-A$_1$ 波段:$U_{rel}=7.0\%$,$k=1$

UV-C 波段:$U_{rel}=6.8\%$,$k=1$

【技术能力】国内先进

【服务领域】紫外辐照计是用于测量紫外波段光源辐照度的仪器,广泛应用于高端装备、医养健康、防疫、光电子、探伤、电光源、化工、建材、气象、材料老化、航空航天等领域。该标准可以解决上述行业领域内所使用的紫外辐照计的溯源问题,为紫外辐射照度的测量提供了保障。

【保存地点】山东省计量科学研究院千佛山园区

【计量标准名称】眼镜片顶焦度一级标准装置

【证书编号】[1991]国量标鲁证字第 088 号

[1991]鲁社量标证字第 Z088 号

【技术指标】

测量范围：$(-25\sim+25)\mathrm{m}^{-1}$；$(2\sim20)\mathrm{cm/m}$

不确定度/准确度等级/最大允许误差：$U=(0.02\sim0.03)\mathrm{m}^{-1}$，$k=3$

【技术能力】国内先进

【服务领域】焦度计用于测量眼镜镜片的顶焦度和棱镜度，确定镜片的光学中心、轴位，广泛应用于医院眼科、眼镜店的验光配镜、计量部门、眼镜质检机构等。该标准建立和完善了眼镜片顶焦度一级标准装置的量值传递体系，满足了山东省焦度计的检定和校准需求，保证了眼镜片顶焦度、棱镜度以及轴位等量值的准确性和一致性，为提高产品质量提供了技术保障。

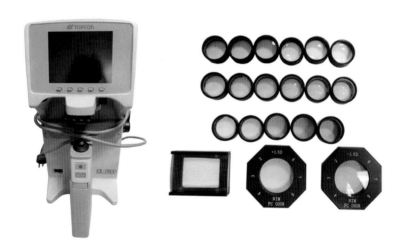

【保存地点】山东省计量科学研究院力诺园区

【计量标准名称】医用激光源检定装置

【证书编号】［1994］国量标鲁证字第 102 号

　　　　　　［1994］鲁社量标证字第 Z102 号

【技术指标】

测量范围：$(0.1\sim100)\mathrm{mW}(633\ \mathrm{nm})$，$(0.1\sim100)\mathrm{W}$

不确定度/准确度等级/最大允许误差：$U_{\mathrm{rel}}=4.2\%$，$k=2$

【技术能力】国内先进

【服务领域】医用激光源是用于治疗人体病患的治疗装置，广泛应用于医疗卫生领域。该标准确保了医用激光源输出量值的准确性、稳定性和可靠性，为评价医用激光源的质量优劣、提高医疗机构的服务质量、保障广大患者的身体健康乃至生命安全提供了技术支撑。

【保存地点】山东省计量科学研究院力诺园区

【计量标准名称】验光仪顶焦度标准装置

【证书编号】［1998］国量标鲁证字第 065 号

　　　　　　［1998］鲁社量标证字第 Z065 号

【技术指标】

测量范围:客观式:球镜度:$(-20\sim+20)$m^{-1};柱镜度:-3 m^{-1}

　　　　　主观式:球镜度:$(-15\sim+15)$m^{-1}

不确定度/准确度等级/最大允许误差:

　　　　客观式:球镜度:$U=(0.07\sim0.10)$m^{-1},$k=3$

　　　　柱镜度:$U=0.08$ m^{-1},$k=3$

　　　　主观式:球镜度:$U=0.04$ m^{-1},$k=3$

【技术能力】国内先进

【服务领域】验光仪是一种用于检查人眼屈光状态的仪器,广泛应用于医疗机构的眼科和眼镜店的验光配镜。该标准的建立完善了验光仪顶焦度标准装置的量值传递体系,保证了验光仪的球镜度、柱镜度等量值的准确性、一致性和溯源性,满足了山东省对验光仪的检定和校准需求,提高了医院和眼镜店验光的准确性,为医院眼科和眼镜验配行业提供了技术保障。

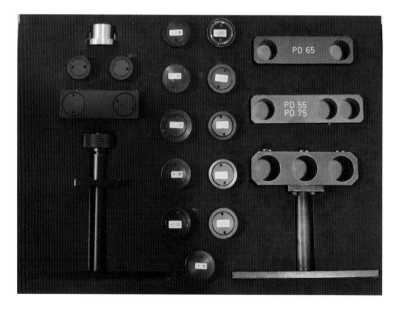

【保存地点】山东省计量科学研究院力诺园区

【计量标准名称】眼镜片中心透射比标准装置

【证书编号】[2006]国量标鲁证字第 118 号

　　　　　　[2006]鲁社量标证字第 Z118 号

【技术指标】

测量范围:(280~780)mm

不确定度/准确度等级/最大允许误差:$U_{rel}=1\%,k=2$

【技术能力】国内先进

【服务领域】眼镜产品透射比测量装置是用于测量眼镜镜片、装成眼镜(含处方镜)、太阳镜、角膜接触镜等光谱透过率的仪器,广泛应用于眼镜生产行业和计量部门。该标准的建立完善了眼镜产品透射比测量装置的量值传递体系,保证了眼镜片透射比和相对视觉衰减因子等量值的准确性、一致性和溯源性,满足了山东省对各类眼镜光谱透过率的校准需求,为民众可以戴上更舒适、合格的眼镜提供了保障。

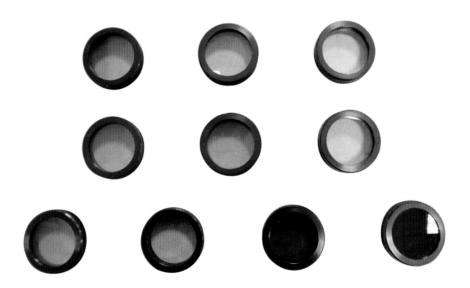

【保存地点】山东省计量科学研究院力诺园区

【计量标准名称】角膜曲率计检定装置

【证书编号】〔2009〕国量标鲁证字第 138 号

〔2009〕鲁社量标证字第 Z138 号

【技术指标】

测量范围:(5.5~10.0)mm

不确定度/准确度等级/最大允许误差:$U＝0.002$ mm,$k＝2$

【技术能力】国内先进

【服务领域】角膜曲率计是一种测量人眼角膜曲率半径和轴位的仪器,广泛应用于医疗机构的眼科门诊及病房。该标准的建立可以保证角膜曲率计的曲率半径、角膜屈光度等量值的准确性和一致性,满足医院治疗眼科疾病的技术需求,提高了临床诊疗的有效性,减少了就医患者的痛苦,为眼科光学行业的发展提供了技术支撑。

【保存地点】山东省计量科学研究院力诺园区

第九章　电离辐射与医学社会公用计量标准

　　电离辐射是指能够产生电离作用的带电粒子和（或）不带电粒子形成的辐射。医学计量是在医学领域中实现单位统一和量值准确、可靠的活动，是传统专业计量在医学领域中的应用。医学计量分为医用放射学计量、医用声学计量、医用光学计量、医用电磁学计量、医用力学计量、医用热学计量、医用生物化学计量及医用医学综合计量等领域。

　　从居住环境使用的建筑材料的放射性核素含量到工农业生产中的辐射技术应用，从核电站环境的放射性监测到境外进口货物的放射性检查，从对病灶进行诊断的 X 机、CT 机、B 超机、心电图机到治疗肿瘤的加速器治疗机、抢救危重患者的呼吸机等，电离辐射产品与各种医疗设备随处可见，并已成为这些工作的重要保证。

　　电离辐射与医学计量广泛应用于工业、医学、国防等事关国计民生的各个领域。为了应对能源危机，我国核电站工程建设规模越来越大，核电站工作人员的场所安全检测、个人防护剂量检测、应急核事故监测以及环境评价、环境监测等都需要大量监测仪器，迫切需要电离辐射计量技术来保障辐射安全。同时，现代医学不仅依赖医学人员的知识和经验，而且在很大程度上取决于医学设备检查。没有准确、可靠的检测量值，很难保证医疗诊断的准确性，要得到好的治疗也无从谈起。电离辐射与医学计量是确保电离辐射和医疗设备准确、有效、安全、可靠的必要手段，只有将计量管理方式和计量技术手段用于设备质量控制环节，才能获取准确、可靠的结果。因此，电离辐射与医学计量是国家环境保护、医疗卫生等行业发展的技术基础，是民生计量工作的重要组成部分。

目前，山东省计量科学研究院在电离辐射与医学领域已建立 29 项省级社会公用计量标准，形成了较为完善的量值传递溯源体系，为辐射安全及核能开发利用、环境保护、医学诊疗、疾病预防等领域提供了准确、一致的测量结果，为山东省实现质量强省战略，提高服务民生的能力，建设和谐社会发挥了重要的技术支撑作用。

【计量标准名称】γ谱仪检定装置

【证书编号】[2005]国量标鲁证字第 132 号

[2005]鲁社量标证字第 Z132 号

【技术指标】

测量范围：≥37 Bq/kg

不确定度/准确度等级/最大允许误差：$U_{rel}＝(6.3\sim8.5)\%$，$k＝2$

【技术能力】国内先进

【服务领域】γ谱仪是检测建筑材料中镭 226、钍 232、钾 40 三种核素的放射性活度并计算样品内、外照射系数的专用设备，主要应用于质量工程监督领域。该装置自动化程度高，方便快捷，可有效确保 γ 谱仪量值的准确性，为山东省石材检验监督提供了技术保障，对建筑工程质量的放射性安全防护具有良好的社会效益。

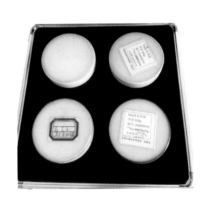 

【保存地点】山东省计量科学研究院力诺园区

【计量标准名称】瞳距仪检定装置

【证书编号】〔2004〕国量标鲁证字第 115 号

〔2004〕鲁社量标证字第 Z115 号

【技术指标】

测量范围:(50~80)mm

不确定度/准确度等级/最大允许误差:$U=0.1$ mm,$k=2$

【技术能力】国内先进

【服务领域】瞳距仪是在验光过程中用于测量人眼两瞳孔之间距离的仪器,广泛应用于医疗机构的眼科门诊和眼镜店的验光配镜。该标准保证了瞳距仪瞳距等量值的准确性和一致性,提高了医疗机构眼科诊疗和眼镜店的验光配镜水平,保护了广大人民群众的视力健康。

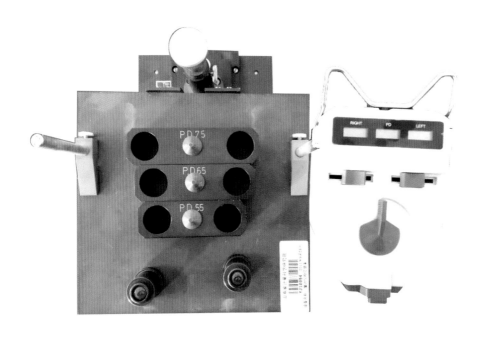

【保存地点】山东省计量科学研究院力诺园区

【计量标准名称】医用诊断(CT)X 射线辐射源检定装置

【证书编号】[2002]国量标鲁证字第 125 号

　　　　　　[2002]鲁社量标证字第 Z125 号

【技术指标】

测量范围:0.1 mGy~2.0 Gy

不确定度/准确度等级/最大允许误差:$U_{rel}=5.2\%$,$k=3$

【技术能力】国内先进

【服务领域】医用诊断(CT)X 射线辐射源用于产生人体的剖面断层或立体图像,对疾病进行检查和诊断,主要应用于医疗卫生领域。该标准能够满足山东省医疗领域对医用诊断(CT)X 射线辐射源诊断设备的检定、校准需求,确保了该类设备剂量指数、CT 图像的均匀性、噪声、CT 值、层厚、低对比分辨力、空间分辨力等指标的准确、可靠,为提高医疗诊断质量提供了技术保障。

 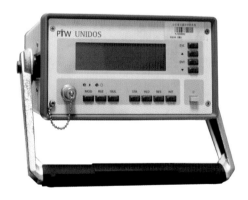

【保存地点】山东省计量科学研究院力诺园区

【计量标准名称】超声探伤仪检定装置

【证书编号】〔2001〕国量标鲁证字第 080 号

　　　　　　〔2001〕鲁社量标证字第 Z080 号

【技术指标】

测量范围:频率:(0.6～15.6)MHz

　　　　　衰减器衰减范围:(0～81)dB

不确定度/准确度等级/最大允许误差:

　　　　　频率准确度:$1.6×10^{-4}$

　　　　　衰减器衰减误差:(0.5%×A±0.02)dB　A-衰减量

【技术能力】国内先进

【服务领域】超声探伤仪是进行工件内部缺陷检测、定位、评估和判断的工业无损探伤仪器,应用于高端装备、机械制造、铁路交通和航空航天等领域。该标准具有灵敏度高、频率可调范围宽、适用性广等特点,能满足模拟超声探伤仪和数字超声探伤仪的检校需求,为提高产品质量、保障运行安全提供了技术保障。

【保存地点】山东省计量科学研究院力诺园区

【计量标准名称】外照射治疗辐射源检定装置

【证书编号】［2001］国量标鲁证字第 082 号

　　　　　　［2001］鲁社量标证字第 Z082 号

【技术指标】

测量范围:(0.01～10)Gy/min

不确定度/准确度等级/最大允许误差:$U_{rel}=3.0\%,k=2$

【技术能力】国内先进

【服务领域】外照射治疗辐射源用于产生高能 γ、β 射线,对肿瘤细胞进行照射,从而实现放射治疗的目的,主要应用于医疗卫生领域。该标准能够满足山东省医疗领域对外照射治疗辐射源检定、校准的需求,确保了该类设备辐射质、均整度、对称性、重复性、线性等指标的准确、可靠,为提高医疗质量、保证治疗效果提供了技术保障。

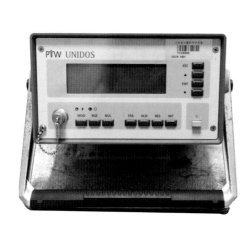

【保存地点】山东省计量科学研究院力诺园区

【计量标准名称】医用诊断 X 射线辐射源检定装置

【证书编号】[1994]国量标鲁证字第 114 号

[1994]鲁社量标证字第 Z114 号

【技术指标】

测量范围:$(6×10^{-5}～1)$Gy/min

不确定度/准确度等级/最大允许误差:$U_{rel}=3.0\%$,$k=2$

【技术能力】国内先进

【服务领域】医用诊断 X 射线辐射源用于产生人体的二维透视图像,对疾病进行检查和诊断,主要应用于医疗卫生领域。该标准能够满足山东省医疗领域对医用诊断 X 射线辐射源诊断设备检定、校准的需求,确保了该类设备输出的空气比释动能率、辐射输出的质、辐射输出的重复性、辐射输出的线性、分辨力、辐射野与光野的一致性等指标的准确、可靠,为提高医疗诊断质量提供了技术保障。

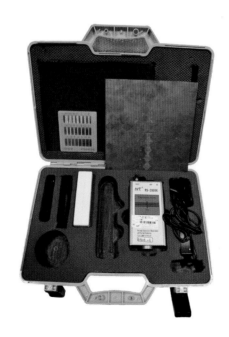

【保存地点】山东省计量科学研究院力诺园区

【计量标准名称】心、脑电图机检定装置

【证书编号】［1989］鲁量标证字第 043 号

　　　　　　［1989］鲁社量标证字第 C043 号

【技术指标】

测量范围：电压：$8.00\ \mu V_{P-P} \sim 30\ V_{P-P}$；频率：$20\ mHz \sim 1000\ Hz$

不确定度/准确度等级/最大允许误差：

　　　电压：MPE：$\pm 0.5\%$；频率：MPE：$\pm 0.5\%$

【技术能力】国内先进

【服务领域】心电图机通过对人体心电信号的采集、记录和显示来诊断心脏相关疾病，脑电图机通过对人体脑电信号的采集、记录和显示以诊断人脑组织的活动及病变情况，心电监护仪用于长期、连续地对患者的心电、心率、血压等多种人体生理参数进行动态监测，广泛应用于医疗卫生领域。该标准的建立确保了山东省各级医疗机构心电图机、脑电图机和心电监护仪检测数据的准确性和可靠性，保障了人民群众的身体健康和就医安全。

【保存地点】山东省计量科学研究院力诺园区

【计量标准名称】心、脑电图机检定仪检定装置

【证书编号】[1997]国量标鲁证字第 053 号

[1997]鲁社量标证字第 Z053 号

【技术指标】

测量范围:电压:8 μV～30 V;频率:1～1000 Hz

不确定度/准确度等级/最大允许误差:

电压:$U_{rel}=0.01\%$,$k=2$;频率:$U_{rel}=6.8×10^{-8}$,$k=2$

【技术能力】国内先进

【服务领域】心电图机检定仪、脑电图机检定仪和心电监护仪检定仪是对心电图机、脑电图机和心电监护仪的各项技术指标实施计量检定的专用仪器,广泛应用于各级计量技术机构和校准机构。该标准的建立完善了山东省内心电图机、脑电图机和心电监护仪的量值传递体系,为加强第三方检测数据的准确性和临床诊疗的可靠性,从而保障广大患者的身体健康乃至生命安全起到了促进作用。

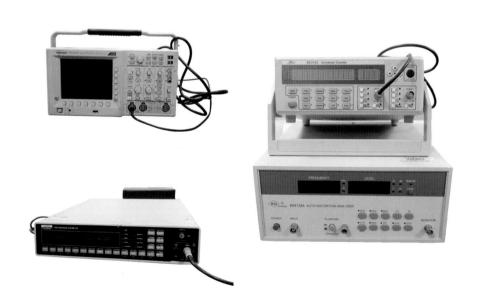

【保存地点】山东省计量科学研究院力诺园区

【计量标准名称】血细胞分析仪检定装置

【证书编号】[1998]国量标鲁证字第 066 号

[1998]鲁社量标证字第 Z066 号

【技术指标】

测量范围:红细胞:RBC;白细胞:WBC;

血小板:PLT;血红蛋白:HGB

不确定度/准确度等级/最大允许误差:

红细胞:$U_{rel}=2.0\%$,$k=2$;白细胞:$U_{rel}=2.5\%$,$k=2$

血小板:$U_{rel}=3.0\%$,$k=2$;血红蛋白:$U_{rel}=2.0\%$,$k=2$

【技术能力】国内先进

【服务领域】血细胞分析仪通过对血液中的有形成分进行定量分析,以检测人类血液标本的成分和含量,广泛应用于医疗卫生、疾病预防、医药化工和各类科研领域。该标准的建立提高了临床血液中红细胞、白细胞、血小板和血红蛋白等关键血液参数检测结果的准确性,为血液的成分分析提供了溯源基础,对推动医疗数据共享、提高医疗服务质量、减少医疗纠纷、改善民生起到了促进作用。

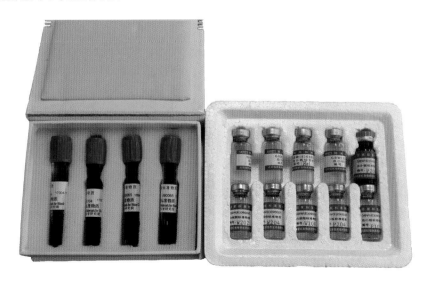

【保存地点】山东省计量科学研究院力诺园区

【计量标准名称】半自动生化分析仪检定装置

【证书编号】[2019]鲁量标鲁法证字第 014 号

　　　　　　[2019]鲁社量标证字第 C014 号

【技术指标】

测量范围:吸光度:(0～1.0)Abs

　　　　　波长:(340～700)nm

不确定度/准确度等级/最大允许误差:

　　　　　吸光度:$U=0.006$ Abs,$k=2$

　　　　　波长:$U=0.3$ nm,$k=2$

【技术能力】国内先进

【服务领域】生化分析仪用于测量血糖、血脂、肝功、肾功等人体体液中的特定化学成分,广泛应用于医疗卫生、疾病预防、医药化工和各类科研领域。该标准是山东省的最高计量标准,该检定装置的建立提高了半自动生化分析仪检测结果的准确性,为体液的成分分析提供了溯源基础,为提高医疗服务质量、减少医疗纠纷提供了计量技术支撑和保障。

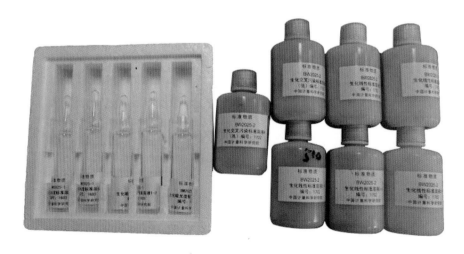

【保存地点】山东省计量科学研究院力诺园区

【计量标准名称】血压计(表)检定装置

【证书编号】[1999]鲁量标证字第 010 号

　　　　　　[1999]鲁社量标证字第 C010 号

【技术指标】

测量范围:(0～40)kPa

不确定度/准确度等级/最大允许误差:0.2 级

【技术能力】国内先进

【服务领域】血压计是测量人体血压的医疗设备,广泛应用于医疗卫生机构及人们的日常生活中。该标准的建立确保了该类设备血压测量量值的溯源性、准确性与可靠性,满足了各医疗卫生机构及人们在日常生活中对血压测量的检定及校准需求,对诊断疾病、观察病情变化与判断治疗效果起到了辅助作用,对广大人民对自身血压变化情况的监测也起到了积极作用。

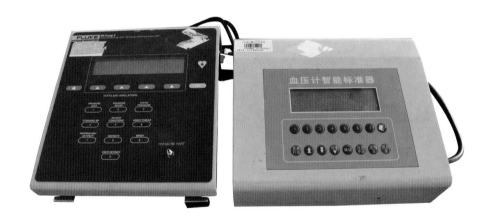

【保存地点】山东省计量科学研究院力诺园区

【计量标准名称】浮标式氧气吸入器检定装置

【证书编号】[2000]鲁量标证字第 039 号

[2000]鲁社量标证字第 C039 号

【技术指标】

测量范围:压力:(0~25)MPa;流量:(1~10)L/min

不确定度/准确度等级/最大允许误差:压力:0.4 级;流量:1 级

【技术能力】国内先进

【服务领域】浮标式氧气吸入器是医疗单位在急救过程中为缺氧患者进行氧气吸入的医用氧气输出终端设备,广泛应用于医疗卫生领域。该装置操作简便、安全,确保了该类设备压力及流量量值的准确、可靠,满足了医疗卫生机构对该类设备的校准需求,加强了该类设备的安全性和有效性,对提高医疗服务质量起到了促进作用。

【保存地点】山东省计量科学研究院力诺园区

【计量标准名称】医用磁共振成像设备标准装置

【证书编号】［2009］鲁量标证字第 130 号

　　　　　　［2009］鲁社量标证字第 C130 号

【技术指标】

测量范围：分辨率：(0.5～2)mm

　　　　　层厚：(1～30)mm

不确定度/准确度等级/最大允许误差：$U_{rel}=3.5\%,k=2$

【技术能力】国内先进

【服务领域】医用磁共振成像设备用于产生人体的剖面断层或立体图像，对多种疾病进行检查和诊断，主要应用于医疗卫生领域。该标准的建立能够满足山东省医疗领域对医用磁共振成像设备进行检定、校准的需求，确保了该类设备图像信噪比、图像均匀性、空间线性、高对比分辨力、低对比分辨力、层厚等指标的准确、可靠，为提高医疗质量、保证诊断数据的一致性提供了技术保障。

【保存地点】山东省计量科学研究院力诺园区

【计量标准名称】多参数监护仪检定装置

【证书编号】〔2009〕鲁量标证字第 131 号

〔2009〕鲁社量标证字第 C131 号

【技术指标】

测量范围：电压：8 μV～30 V；频率：20 mHz～1000 Hz

血压：(0～53.3)kPa；血氧：(35～100)％

不确定度/准确度等级/最大允许误差：

电压：MPE：±1.0％；频率：MPE：±(0.1％+2 μs)

血压：$U=0.02$ kPa，$k=2$(50 kPa)；血氧：MPE：±1.0％

【技术能力】国内先进

【服务领域】多参数监护仪是在监护过程中为医护人员提供被监护人员的心电、血氧、血压等生命体征数据的医疗设备，广泛应用于医疗卫生领域。该标准的建立能够确保该类设备电压、血压、血氧饱和度等技术参数量值的准确、可靠，满足医疗卫生机构对多参数监护仪的检定和校准需求，为医护人员更全面、及时、准确地掌握患者的生命体征变化情况，提高诊疗和护理水平提供了技术保障。

【保存地点】山东省计量科学研究院力诺园区

【计量标准名称】呼吸机校准装置

【证书编号】［2012］国量标鲁证字第 147 号

　　　　　　［2012］鲁社量标证字第 Z147 号

【技术指标】

测量范围：潮气量：±10 L；流量：(0.5～180)L/min

　　　　　压力：(−2～12)kPa；氧浓度：21％～100％(体积分数)

　　　　　通气频率：(1～150)次/分；吸气压力水平：±12 kPa

　　　　　呼吸末正压：±12 kPa

不确定度/准确度等级/最大允许误差：

　　　　　潮气量：$U_{rel}=2.4\%$，$k=2$；流量：$U_{rel}=1.3\%$，$k=2$

　　　　　压力：$U=0.03$ kPa，$k=2$；氧浓度：$U_{rel}=2.0\%$，$k=2$(体积分数)

　　　　　通气频率：MPE：±3％；吸气压力水平：$U=0.03$ kPa，$k=2$

　　　　　呼气末正压：$U=0.03$ kPa，$k=2$

【技术能力】国内先进

【服务领域】呼吸机用于预防和治疗呼吸衰竭患者，是挽救及延长患者生命的高风险医疗设备，广泛应用于医疗卫生领域。该标准确保了该类设备的潮气量、压力、通气频率等指标的准确、可靠，满足了山东省内医疗卫生机构对呼吸机的校准需求，提高了急救、术后恢复、重症监护等临床一线工作的有效性，推动了医疗服务质量的发展。

【保存地点】山东省计量科学研究院力诺园区

【计量标准名称】放射治疗模拟定位 X 射线辐射源检定装置

【证书编号】［2010］鲁量标证字第 135 号

　　　　　　　［2010］鲁社量标证字第 C135 号

【技术指标】

测量范围：0.1 μGy/s～1.3 Gy/s

不确定度/准确度等级/最大允许误差：$U_{rel}=4.0\%$，$k=2$

【技术能力】国内先进

【服务领域】放射治疗模拟定位 X 射线辐射源用于产生人体的二维透视图像，确定肿瘤在人体内的相对位置，主要应用于医疗卫生领域。该标准的建立能够满足山东省医疗领域对放射治疗模拟定位 X 射线辐射源诊断设备检定和校准的要求，确保了该类设备 X 射线输出剂量、空气比释动能率、辐射质、分辨力、等中心指示精度、源皮距等指标的准确、可靠，为提高医疗质量提供了技术保障。

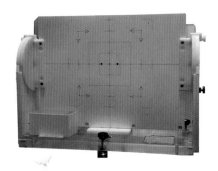

【保存地点】山东省计量科学研究院力诺园区

【计量标准名称】氡测量仪检定装置

【证书编号】［2012］国量标鲁证字第 143 号

　　　　　　［2012］鲁社量标证字第 Z143 号

【技术指标】

测量范围：$(400\sim10000)\,\mathrm{Bq/m^3}$

不确定度/准确度等级/最大允许误差：$U_{\mathrm{rel}}=(5.8\sim6.8)\%,k=2$

【技术能力】国内先进

【服务领域】氡测量仪是一种测量空气或土壤介质中氡气放射性活度的专用设备，应用于环境保护、卫生监督与铀矿勘探等领域。氡测量仪检定装置可开展测氡仪的检定和校准工作。该装置可实现氡浓度的自动控制和调节，并能维持氡浓度的长期动态平衡，自动化程度高，稳定性优良，可满足各类主动式测氡仪和扩散式测氡仪的检定需求，建立完善了山东省氡测量仪的量值传递体系。

【保存地点】山东省计量科学研究院力诺园区

【计量标准名称】数字减影血管造影(DSA)系统 X 射线辐射源检定装置

【证书编号】［2012］国量标鲁证字第 144 号

　　　　　　［2012］鲁社量标证字第 Z144 号

【技术指标】

测量范围:0.1 mGy～1.0 Gy

不确定度/准确度等级/最大允许误差:$U_{rel}＝3.0\%,k＝2$

【技术能力】国内先进

【服务领域】数字减影血管造影(DSA)系统 X 射线辐射源用于产牛人体的实时二维透视图像,为疾病的检查和诊断提供数据,主要应用于医疗卫生领域。该标准的建立能够满足山东省医疗领域对数字减影血管造影(DSA)系统 X 射线辐射源辅助治疗设备进行检定和校准的需求,确保了该类设备空气比释动能率、辐射输出的质、空间分辨力、管电压、低对比度分辨力、线性和减影性能等指标的准确、可靠,为提高医疗质量提供了技术保障。

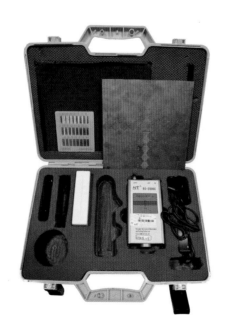

【保存地点】山东省计量科学研究院力诺园区

【计量标准名称】放射性活度计检定装置

【证书编号】[2009]国量标鲁证字第 139 号

　　　　　　[2009]鲁社量标证字第 Z139 号

【技术指标】

测量范围：$(3.7 \times 10^5 \sim 3.7 \times 10^{10})$Bq

不确定度/准确度等级/最大允许误差：$U_{rel} = 3.2\%$，$k = 2$

【技术能力】国内先进

【服务领域】放射性活度计用于测量放射性核素活度的大小，为核素治疗、核素影像诊断等医疗活动提供核素用量及辐射防护数据，主要应用于医疗卫生、疾病预防等领域。该标准的建立能够满足山东省医疗领域对放射性活度计设备进行检定和校准的需求，确保了该类设备重复性、稳定性、非线性及基本误差等指标的准确、可靠，为提高医疗质量、保证治疗和诊断数据的可靠提供了技术保障。

【保存地点】山东省计量科学研究院力诺园区

【计量标准名称】X 射线探伤机检定装置

【证书编号】［2018］鲁量标证字第 178 号

　　　　　　［2018］鲁社量标证字第 C178 号

【技术指标】

测量范围:(0~10)Gy/min

不确定度/准确度等级/最大允许误差:$U_{rel}=2.5\%,k=2$

【技术能力】国内先进

【服务领域】X 射线探伤机是用于检查金属与非金属材料及其制品内部缺陷的无损检测设备,广泛用于高端装备、机械制造、国防工业和航空航天等领域。该标准采用远程自动化控制,可精确地测量多项参数,集辐射测量技术、机电一体化技术、微机自动控制技术于一体,有利于快速、准确地判定设备性能状况,为确保无损检测的准确、可靠提供了技术保障。

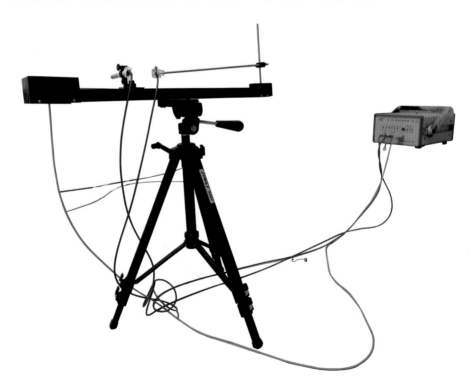

【保存地点】山东省计量科学研究院千佛山园区

【计量标准名称】婴儿培养箱校准装置

【证书编号】[2016]鲁量标证字第 168 号

[2016]鲁社量标证字第 C168 号

【技术指标】

测量范围:温度:(20～50)℃;湿度:(0%～100%)RH

噪声:(30～100)dB;氧浓度:35.3%

不确定度/准确度等级/最大允许误差:

温度:$U=0.09$ ℃,$k=2$;湿度:$U=2.0\%$RH,$k=2$

噪声:2 级;氧浓度:$U=1\%$,$k=2$

【技术能力】国内先进

【服务领域】婴儿培养箱采用对流热调节原理,为低体重儿、病危儿、新生儿等弱势群体提供类似母体子宫的环境,从而对其进行培养和护理,广泛应用于各级医疗机构及计划生育研究院所。该标准的建立保证了婴儿培养箱内温度、湿度、噪声、氧浓度以及安全指标的准确性和一致性,实现了山东省内婴儿培养箱检测数据的量值溯源,为新生儿等的康复与生命安全提供了技术保障,具有显著的社会效益。

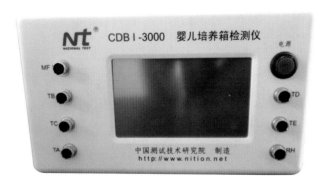

【保存地点】山东省计量科学研究院力诺园区

【计量标准名称】低本底 α、β 测量仪检定装置

【证书编号】［2016］国量标鲁证字第 175 号

［2016］鲁社量标证字第 Z175 号

【技术指标】

测量范围:α:$3.40 \times 10^2 (s \cdot 2\pi sr)^{-1}$

β:$3.83 \times 10^2 (s \cdot 2\pi sr)^{-1}$

不确定度/准确度等级/最大允许误差:

α:$U_{rel} = 2.0\%, k = 3$

β:$U_{rel} = 2.5\%, k = 3$

【技术能力】国内先进

【服务领域】低本底 α、β 测量仪用于测量生活饮用水、环境和食品等样品中的总 α、总 β 放射性活度,广泛应用于辐射防护、环境监测、进出口商品检验、医疗卫生及科学实验中的弱放射性测量等领域。低本底 α、β 测量仪检定装置表面发射率稳定,易防护、易携带,服务于疾控中心、环境检测、水质检测及科研院所等机构,保障了山东省内低本底 α、β 测量仪的准确性和量值统一。

【保存地点】山东省计量科学研究院力诺园区

【计量标准名称】X、γ 射线空气比释动能(治疗水平)标准装置

【证书编号】[2016]国量标鲁证字第 176 号

　　　　　　[2016]鲁社量标证字第 Z176 号

【技术指标】

测量范围:空气比释动能率:(0.01～10)Gy/min

　　　　　能量:(60～250)kV,^{60}Co

不确定度/准确度等级/最大允许误差:$U_{rel}=2.0\%$,$k=3$

【技术能力】国内先进

【服务领域】治疗水平电离室剂量计用于测量辐射剂量,广泛应用于医学、工业、农业、国防和科研等各个领域。该标准的建立保障了治疗水平剂量计的测量准确性,可防止因剂量失准造成的医疗人身伤害,还加强了医学放射治疗等各类辐射剂量应用的有效性和安全性,为工农业生产和科学研究中高剂量测量的准确、可靠提供了技术支撑。

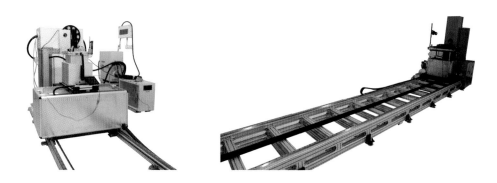

【保存地点】山东省计量科学研究院德州园区

【计量标准名称】医用数字摄影(CR、DR)系统 X 射线辐射源检定装置

【证书编号】[2016]国量标鲁证字第 177 号

[2016]鲁社量标证字第 Z177 号

【技术指标】

测量范围:空气比释动能:$(6\times10^{-5}\sim1)$Gy/min

不确定度/准确度等级/最大允许误差:$U_{rel}=3.0\%$,$k=2$

【技术能力】国内先进

【服务领域】医用数字摄影(CR、DR)系统 X 射线辐射源用于产生人体的二维透视图像,对多种疾病进行检查和诊断,主要应用于医疗卫生领域。该标准的建立能够满足山东省医疗领域对医用数字摄影(CR、DR)系统 X 射线辐射源诊断设备进行检定和校准的需求,确保了该类设备辐射输出的空气比释动能、辐射输出的重复性、辐射输出的质、X 射线管电压、低对比度分辨率、空间分辨力等指标的准确、可靠,为提高医疗质量提供了技术保障。

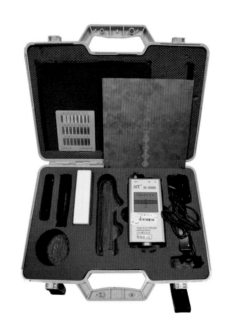

【保存地点】山东省计量科学研究院力诺园区

【计量标准名称】X、γ射线空气比释动能(防护水平)标准装置

【证书编号】[2016]国量标鲁证字第 178 号

　　　　　　[2016]鲁社量标证字第 Z178 号

【技术指标】

测量范围：$(1\times10^{-8}\sim1)\mathrm{Gy/h}$

不确定度/准确度等级/最大允许误差：$U_{\mathrm{rel}}=5.2\%,k=2$

【技术能力】国内先进

【服务领域】辐射防护 X、γ 剂量当量(率)仪,X、γ 个人剂量当量监测仪,个人剂量当量(率)报警仪和环境监测空气比释动能率仪等辐射剂量仪表是测量 X、γ 辐射源产生的外照射辐射剂量当量的辐射防护和环境监测仪器,广泛应用于环境保护、医疗卫生、工农业生产及科学研究等领域。该标准的建立保证了该类仪表量值的准确性,在核安全、环境保护、工农业生产、医学诊疗及保护人身安全等方面具有重要意义。

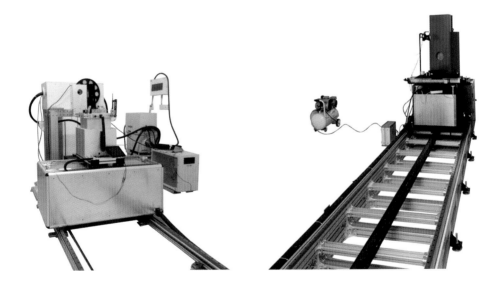

【保存地点】山东省计量科学研究院德州园区

【计量标准名称】生物显微镜校准装置

【证书编号】〔2014〕国量标鲁证字第 159 号

　　　　　　〔2014〕鲁社量标证字第 Z159 号

【技术指标】

测量范围:玻璃尺:(0~10)mm

　　　　　总放大倍数:(0~1000)×

不确定度/准确度等级/最大允许误差:

　　　　玻璃尺:$U=(0.5~0.8)\mu m, k=2$

　　　　总放大倍数:$U=1.0\%, k=2$

【技术能力】国内先进

【服务领域】生物显微镜用于对生物切片、生物细胞、细菌、活体组织、流质沉淀等有形成分进行观察和研究,广泛应用于医疗卫生、生物医药、疾病预防、遗传工程等领域。该标准的建立能够满足山东省各级技术机构对生物显微镜的校准需求,确保了该类设备物镜放大倍数、示值误差等技术指标的准确、可靠,加强了生物显微镜的测量水平和量值统一,为保证实验数据的准确、可靠,提高相关产品质量提供了技术保障。

【保存地点】山东省计量科学研究院力诺园区

【计量标准名称】头部立体定向放射外科 γ 辐射治疗源检定装置

【证书编号】［2013］国量标鲁证字第 150 号

　　　　　　［2013］鲁社量标证字第 Z150 号

【技术指标】

测量范围：(0.01～1000)Gy/min

不确定度/准确度等级/最大允许误差：$U_{rel}=1.8\%,k=2$

【技术能力】国内先进

【服务领域】头部立体定向放射外科 γ 辐射源用于产生高能 γ 粒子射线，对脑部肿瘤进行照射，从而实现放射治疗的目的，主要应用于医疗卫生领域。该标准的建立能够满足山东省医疗领域对头部立体定向放射外科 γ 辐射治疗源治疗设备进行检定和校准的需求，确保了该类设备叠加辐射野、输出剂量及焦点剂量率等指标的准确、可靠，为提高医疗质量、保证治疗效果提供了技术保障。

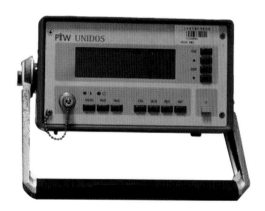

【保存地点】山东省计量科学研究院力诺园区

【计量标准名称】心脏除颤器校准装置

【证书编号】[2013]国量标鲁证字第 106 号

[2013]鲁社量标证字第 Z106 号

【技术指标】

测量范围:能量:(0~360)J

不确定度/准确度等级/最大允许误差:MPE:±5%

【技术能力】国内先进

【服务领域】心脏除颤器和心脏除颤监护仪是消除心率失常、使心脏恢复窦性心律的抢救设备,广泛应用于医疗卫生领域。该装置技术先进,精密度高,操作安全,确保了心脏除颤器能量量值的准确、可靠,满足了各级医疗卫生机构对心脏除颤器的校准需求,对提高心脏除颤器的安全性和有效性起到了促进作用,为各级医疗机构的急救工作提供了技术保障。

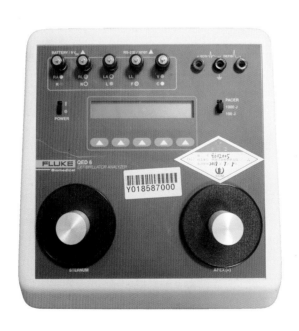

【保存地点】山东省计量科学研究院力诺园区

【计量标准名称】医用注射泵和输液泵校准装置

【证书编号】［2019］鲁量标鲁法证字第 043 号

　　　　　　　［2019］鲁社量标证字第 C043 号

【技术指标】

测量范围:流量:(0.5～1000)mL/h

　　　　　阻塞压力:(0～200)kPa

不确定度/准确度等级/最大允许误差:

　　　　　流量:［5,20)mL/h,MPE:±(2.0%读数+1 个分度值)［20,
　　　　　200]mL/h,MPE:±(1.0%读数+1 个分度值)

　　　　　(200,1000]mL/h,MPE:±(2.0%读数+1 个分度值)

　　　　　阻塞压力:±2.0 kPa

【技术能力】国内先进

【服务领域】医用注射泵和输液泵是一种能够准确控制输液流量,保证药物均匀、准确、安全地进入患者体内的医疗设备,广泛应用于各级医疗机构。该标准满足了山东省内对医用注射泵和输液泵的校准需求,确保了注射泵和输液泵流量、压力等技术参数的准确可靠,促进了医疗服务质量的提高。

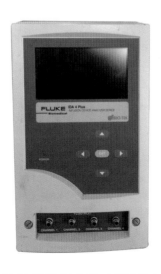

【保存地点】山东省计量科学研究院力诺园区

第十章 化学社会公用计量标准

化学计量学是关于化学测量的科学，是计量学的一个重要分支。化学计量的应用范围很广，当今社会最关注的热点问题无一例外均与化学计量相关，如气候变暖、环境保护、食品安全与营养、医疗保健、产品质量、公平贸易以及消费者保护等。

作为一个独立的计量学分支，化学计量在山东省计量科学研究院经过了半个世纪的发展，历经艰难起步和任务探索，已逐步发展到依据山东省的战略需求全面建立化学计量溯源体系的时期。作为全省、部门或区域的量值传递的测量标准，化学测量标准在量值溯源链中发挥了非常重要的作用，它们的建立、复现、保存、更新和使用在一定程度上保证了化学测量结果的准确、可靠。

标准物质是测量标准的一个种类，其与传统定义的物理测量标准相比具有特殊性。山东省计量科学研究院标准物质研制工作起步于 2013 年，从第一个取得标准物质证书的甲醇中水分标准物质成功获批以来，截至 2019 年年初，已成功研制了甲醇中微量水分标准物质、水质检测相关标准物质、仪器检定用标准物质等重点领域标准物质近 80 种，为保证山东省新旧动能转换及产业升级提供了重要的技术支持。2018 年，以山东省计量科学研究院为依托的山东省标准物质工程技术研究中心获批成为山东省省级工程技术研究中心。工程中心将依托现有的独特技术优势和已掌握的市场资源，不断进取，进行技术创新，提升产品层次。

进入 21 世纪以来，化学计量的服务领域不断扩大，已由服务传统工业领域扩展到服务保障食品安全、环境监测、大众健康以及高新技术产业等诸多领域。化学计量正面临新的挑战：一方面是基础前沿研究技术深度的挑战，要求实现对物质纯度及同位素组成更高精密度的测量，被测特征量由传统小分子向大分子及形态、结构、活性等新型复杂特征量扩展；另一方面是应用研究技术广度的挑战，国际计量学界正逐步将重点扩展至生物医药、食品安全与营养、先进制造、新材料等领域。

随着贸易的全球一体化，人们对食品安全、大众健康、公共安全、环境保护等也越来越重视，山东省的化学计量将得到持续快速的发展，进一步实现化学测量结果的准确性、等效性、可比性和溯源性。山东省计量科学研究院已建立了覆盖化学成分量、物理化学量、化学工程量和生物量测量这几大领域的各类化学计量标准 58 项。

【计量标准名称】pH(酸度)计、离子计检定装置

【证书编号】[1986]国量标鲁证字第 034 号

　　　　　　 [1986]鲁社量标证字第 Z034 号

【技术指标】

测量范围:pH:0～14

　　　　　 直流电压:(0～±2000)mV

不确定度/准确度等级/最大允许误差:

　　 pH 检定仪:0.0006 级

　　 pH 标准物质:$U=0.01, k=3$

【技术能力】国内先进

【服务领域】酸度计、离子计广泛应用于环境监测、食品药品、化工、检验检测等领域。该标准保障了酸度计、离子计量值的准确、可靠,为检验检测数据的准确有效提供了技术支撑。

【保存地点】山东省计量科学研究院千佛山园区

【计量标准名称】pH 计检定仪检定装置

【证书编号】[2006]鲁量标证字第 098 号

[2006]鲁社量标证字第 C098 号

【技术指标】

测量范围:pH:0～±14

电压:(0～±2000)mV

不确定度/准确度等级/最大允许误差:

pH MPE:±0.00017

电压 MPE:±0.002%

【技术能力】国内先进

【服务领域】pH 计检定仪主要用于 pH 计、离子计、自动电位滴定仪等计量器具电计部分的检定和校准,主要用于计量行业。该标准为 pH 计、离子计、自动电位滴定仪等仪器电计部分的量值传递和溯源提供了技术保证,从而确保了上述仪器测量结果的准确、可靠。

【保存地点】山东省计量科学研究院千佛山园区

【计量标准名称】氨氮自动监测仪检定装置

【证书编号】[2008]国量标鲁证字第 036 号

[2008]鲁社量标证字第 Z036 号

【技术指标】

测量范围:(0～500)mg/L

不确定度/准确度等级/最大允许误差:$U_{rel}＝2.0\%,k＝2$

【技术能力】国内先进

【服务领域】氨氮自动监测仪可自动连续监测地下水、地表水、生活污水和工业废水等水体中的氨氮浓度,进行实时水质监测分析,广泛应用于企业排污口和城市污水处理厂、江河湖泊水质监测及污水治理过程控制等方面。该标准可以为环境监测行业的氨氮测量提供准确、可靠的计量支撑。

【保存地点】山东省计量科学研究院千佛山园区

【计量标准名称】氨基酸分析仪检定装置

【证书编号】[2017]国量标鲁证字第 193 号

　　　　　　[2017]鲁社量标证字第 Z193 号

【技术指标】

测量范围:氨基酸混合标准溶液:1.0 mmol/L

不确定度/准确度等级/最大允许误差:

　　　　氨基酸混合标准溶液:$U_{rel}=4\%,k=2$

【技术能力】国内先进

【服务领域】氨基酸分析仪广泛应用于食品安全、医药卫生、临床检验和饲料等行业,用于测定蛋白质、肽及其他药物制剂的氨基酸组成或含量。该装置对氨基酸分析仪定性、定量结果的准确、可靠提供了计量保障。

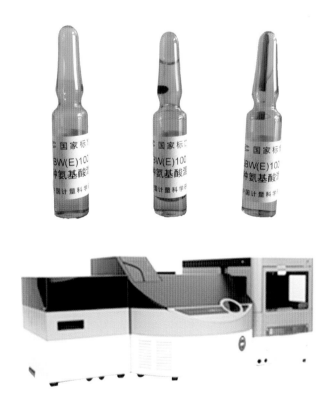

【保存地点】山东省计量科学研究院千佛山园区

【计量标准名称】氨气检测仪检定装置

【证书编号】[2016]国量标鲁证字第 179 号

[2016]鲁社量标证字第 Z179 号

【技术指标】

测量范围:(0～1000)μmol/mol

不确定度/准确度等级/最大允许误差:$U_{rel}=2\%$,$k=2$

【技术能力】国内先进

【服务领域】氨气检测仪主要用于氨气泄漏报警和氨气浓度分析,广泛应用于化工、能源、食品、农业等领域。该标准确保了氨气检测的准确、可靠和有效溯源,能有效预防中毒事故的发生,为各类作业场所的生产安全提供了有效的保障。

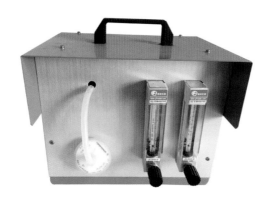

【保存地点】山东省计量科学研究院千佛山园区

【计量标准名称】采样器检定装置

【证书编号】〔2004〕鲁量标证字第 044 号

　　　　　　〔2004〕鲁社量标证字第 C044 号

【技术指标】

测量范围:(0.2～50)L/min

不确定度/准确度等级/最大允许误差:

　　　　粉尘、烟尘流量校准装置:1.0 级;流量校正系统:1.0 级

【技术能力】国内先进

【服务领域】大气采样器、粉尘采样器和烟尘采样器主要用于定量采集大气、室内环境及作业场所的气体或者固体颗粒,通过相应的方法对其中的有毒有害物质、粉尘、烟尘等进行分析测量,广泛应用于环境监测、职业卫生、劳动保护、科研等领域。该标准可以对上述仪器进行有效的量值传递,为环境检测、职业卫生等部门的检测结果提供了计量技术支持。

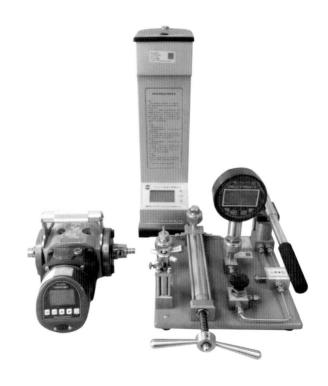

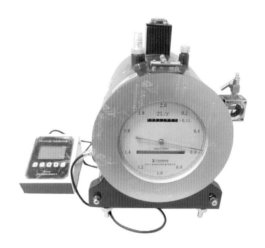

【保存地点】山东省计量科学研究院千佛山园区

【计量标准名称】测汞仪检定装置

【证书编号】〔1998〕国量标鲁证字第 070 号

　　　　　　〔1998〕鲁社量标证字第 Z070 号

【技术指标】

测量范围:冷原子吸收测汞:(5～200)ngHg

　　　　　冷原子荧光测汞:(0～50)ngHg

不确定度/准确度等级/最大允许误差:U_{rel}＝2.0％,k＝2

【技术能力】国内先进

【服务领域】测汞仪主要用于测定水、大气、土壤、矿物、食品、化妆品和生物样品中的痕量汞元素,广泛应用于化工、环境监测、职业卫生及食品领域。该标准满足了各检测部门汞元素测定量值溯源的需求,为量值的准确、可靠提供了技术支持,对于保障人民的身体健康、保护环境具有重要意义。

【保存地点】山东省计量科学研究院千佛山园区

【计量标准名称】臭氧气体分析仪检定装置

【证书编号】［2014］国量标鲁证字第 154 号

　　　　　　［2014］鲁社量标证字第 Z154 号

【技术指标】

测量范围:$(0.1 < R \leqslant 1)$ μmol/mol

　　　　　$(1 < R \leqslant 400)$ μmol/mol(R 为仪器量程)

不确定度/准确度等级/最大允许误差:

　　　$U_{rel} = 3\%$,$k = 2$;$(0.1 < R \leqslant 1)\mu$mol/mol

　　　$U_{rel} = 4\%$,$k = 2$;$(1 < R \leqslant 400)\mu$mol/mol

【技术能力】国内先进

【服务领域】作为检测分析臭氧的主要仪器,臭氧气体测试仪和臭氧报警器主要应用于环境监测、职业卫生、安全防护等领域。该标准保证了臭氧气体分析检测数据的准确性和溯源性,对保证各种环境下的臭氧污染监测和控制起到了重要作用。

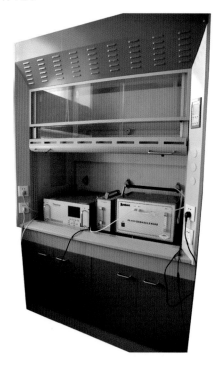

【保存地点】山东省计量科学研究院千佛山园区

【计量标准名称】催化燃烧式甲烷测定器检定装置

【证书编号】［2008］国量标鲁证字第 025 号

　　　　　　 ［2008］鲁社量标证字第 Z025 号

【技术指标】

测量范围:(0～4)％CH₄

不确定度/准确度等级/最大允许误差:$U_{rel}＝2\%,k＝2$

【技术能力】国内先进

【服务领域】催化燃烧式甲烷测定器用于检测矿井内的瓦斯气体浓度值,主要应用于矿山矿井作业场所。该标准对于井下环境中瓦斯检测的准确、可靠,报警功能的及时、有效具有重要意义,可有效保障矿井作业场所的人员安全、生产安全。

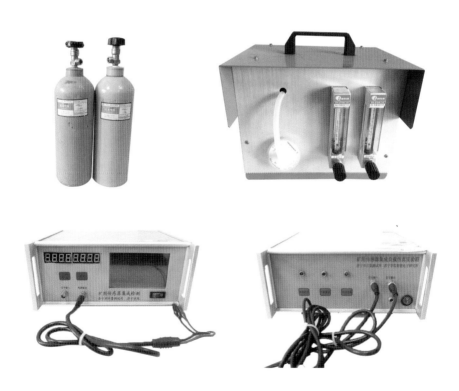

【保存地点】山东省计量科学研究院千佛山园区

【计量标准名称】氮氧化物分析仪检定装置

【证书编号】［2016］国量标鲁证字第 181 号

　　　　　　［2016］鲁社量标证字第 Z181 号

【技术指标】

测量范围：NO：$(0\sim3000)\times10^{-6}$ mol/mol

不确定度/准确度等级/最大允许误差：$U_{rel}=1.1\%$，$k=2$

【技术能力】国内先进

【服务领域】氮氧化物分析仪是基于化学发光法检测技术检测氮氧化物含量的仪器，主要应用于环境、化工、钢铁、冶金、水泥、电力等领域。该标准为确保氮氧化物分析仪量值的统一、溯源提供了技术支撑。

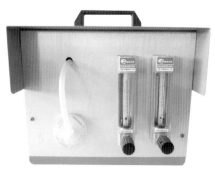
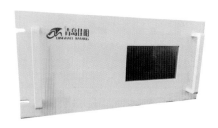

【保存地点】山东省计量科学研究院千佛山园区

【计量标准名称】电导率仪检定装置

【证书编号】［1996］鲁量标证字第 046 号

［1996］鲁社量标证字第 C046 号

【技术指标】

测量范围：(0.05～20000)μS/cm

不确定度/准确度等级/最大允许误差：

(0.05～1)μS/cm：MPE：±0.1％

(1～20000)μS/cm：MPE：±0.05％

标准物质：$U_{rel}=0.25％$，$k=2$

【技术能力】国内先进

【服务领域】电导率仪是化学分析的基础测量仪器，广泛应用于电子、化工、制药及电厂等行业的各种用水及一般液体的电导率测定。该标准保证了电导率仪值的量值传递和测量的准确、可靠，为企业及社会提供了可靠的服务保障。

【保存地点】山东省计量科学研究院千佛山园区

【计量标准名称】定碳定硫分析仪检定装置

【证书编号】［2001］国量标鲁证字第 057 号

　　　　　　［2001］鲁社量标证字第 Z057 号

【技术指标】

测量范围：C：(0.0079～2.31)％

　　　　　S：(0.0016～0.122)％

不确定度／准确度等级／最大允许误差：

　　　　　C：$U=(0.0002～0.02)\%,k=2$

　　　　　S：$U=(0.0002～0.002)\%,k=2$

【技术能力】国内先进

【服务领域】定碳定硫分析仪用于黑色金属、有色金属、稀土金属无机物、矿石、陶瓷等物质中的碳、硫元素含量分析，广泛应用于钢铁、铸造、冶金、机械、商检、科研等领域。该标准保证了仪器量值的准确、可靠，为检测、生产活动提供了技术支持。

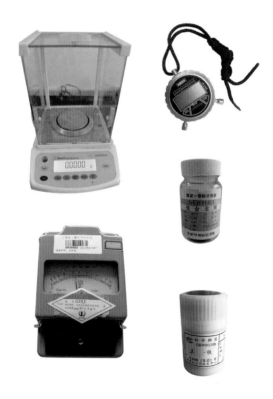

【保存地点】山东省计量科学研究院千佛山园区

【计量标准名称】发射光谱仪检定装置

【证书编号】［2005］国量标鲁证字第 131 号

　　　　　　［2005］鲁社量标证字第 Z131 号

【技术指标】

测量范围:ICP 发射光谱仪:$(0\sim50.0)\mu g/mL$

　　　　　直读光谱仪:$(0\sim2)\%$

不确定度/准确度等级/最大允许误差:

　　　　ICP 发射光谱仪:$U_{rel}=2\%,k=2$

　　　　直读光谱仪:标准偏差 s:$(0.002\sim0.02)\%$

【技术能力】国内先进

【服务领域】发射光谱仪主要用于测量金属和溶液中各种元素的含量,广泛应用于钢铁、材料、矿产勘探、环境、食品、科研等领域。该标准可开展直读光谱仪、原子发射光谱仪、摄谱仪的检定和校准,对评定仪器性能、保障量值准确、可靠具有重要意义。

【保存地点】山东省计量科学研究院千佛山园区

【计量标准名称】粉尘采样器检定装置

【证书编号】[2011]鲁量标证字第 138 号

[2011]鲁社量标证字第 C138 号

【技术指标】

测量范围:流量:(0.5～12000)L/min

差压:(0～±2000)Pa;计时:0.01 s～10 h

不确定度/准确度等级/最大允许误差:

装置准确度:1.0 级;流量测量:0.5 级

差压测量:±(1.0%～2.0%);计时测量:±0.5 s/30 min

【技术能力】国内先进

【服务领域】粉尘采样器是用于定量采集悬浮在空气中的固体颗粒的仪器,广泛应用于职业卫生、环境监测等领域。该标准可以开展粉尘采样器和飘尘采样器的检定和校准工作,为环境检测、职业卫生等部门的检测结果提供了计量保障。

【保存地点】山东省计量科学研究院千佛山园区

【计量标准名称】覆膜电极溶解氧测定仪检定装置

【证书编号】[2013]鲁量标证字第 151 号

　　　　　　[2013]鲁社量标证字第 C151 号

【技术指标】

测量范围：(0～20)mg/L

不确定度/准确度等级/最大允许误差：$U=0.07$ mg/L，$k=2$

【技术能力】国内先进

【服务领域】溶解氧测定仪用于测定水中的氧含量，广泛应用于环境监测、食品药品、化工等领域。该标准量值采用 ISO 5814—2012 给出的不同水温、大气压力下的水中溶解氧的浓度值，可以有效地开展覆膜电极溶解氧测定仪和荧光法溶解氧测定仪的量值溯源工作。

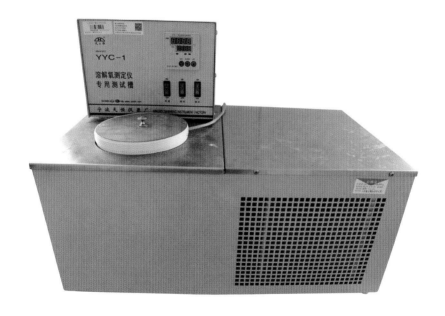

【保存地点】山东省计量科学研究院千佛山园区

【计量标准名称】红外分光光度计检定装置

【证书编号】[2011]国量标鲁证字第 142 号

　　　　　　[2011]鲁社量标证字第 Z142 号

【技术指标】

测量范围:波数:400 cm^{-1}～4000 cm^{-1}

　　　　　透射比:9.981％和 50.03％

不确定度/准确度等级/最大允许误差:

　　　　波数:$U=(0.03～0.09)$cm^{-1},$k=2$

　　　　透射比:$U=0.10％$,$k=2$

【技术能力】国内先进

【服务领域】红外分光光度计主要用于物质的定性分析(测定分子键长、键角,推断分子的立体构型等)和定量分析,广泛应用于医药、环境监测、石油化工、材料科学、公安国防等领域。该标准可开展红外分光光度计、傅里叶红外光谱仪的检定和校准,对评定仪器性能,保障量值准确、可靠具有重要意义。

【保存地点】山东省计量科学研究院千佛山园区

【计量标准名称】呼出气体酒精含量探测器检定装置

【证书编号】[2012]国鲁标鲁证字第 146 号

　　　　　　[2012]鲁社量标证字第 Z146 号

【技术指标】

测量范围:(0.00～1.00)mg/L

不确定度/准确度等级/最大允许误差:$U_{rel}=1.9\%,k=2$

【技术能力】国内先进

【服务领域】呼出酒精检测仪是用来检测人体是否摄入酒精及摄入酒精程度多少的仪器,该仪器广泛应用于交通安全、航空企业等领域。该标准可开展呼出酒精检测仪的计量检定及校准工作,解决了多年来行业内仪器检定的难题,为相关人员管理等活动的需求提供了计量依据,为航空、交警等部门的人员上岗、检测酒驾提供了技术支撑。

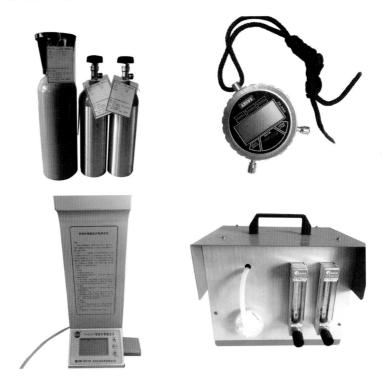

【保存地点】山东省计量科学研究院千佛山园区

【计量标准名称】化学需氧量(COD)测定仪检定装置

【证书编号】[2008]国量标鲁证字第 038 号

[2008]鲁社量标证字第 Z038 号

【技术指标】

测量范围:(30~1000)mg/L

不确定度/准确度等级/最大允许误差:

A 类仪器和在线监测仪:$U_{rel}=2.0\%,k=2$

B 类仪器:$U=0.2$ mg/L,$k=2$

【技术能力】国内先进

【服务领域】COD 在线监测仪可自动连续监测地下水、地表水、生活污水和工业废水等水体中的 COD 浓度,主要用于企业排污口和城市污水处理厂等领域。该标准为环境监测部门及企业对水质化学需氧量的测量提供了技术支撑,保障了监测数据的准确、可靠。

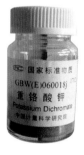

【保存地点】山东省计量科学研究院千佛山园区

【计量标准名称】挥发性有机化合物光离子化检测仪校准装置

【证书编号】[2016]国量标鲁证字第 180 号

　　　　　　[2016]鲁社量标证字第 Z180 号

【技术指标】

测量范围:(0~100)×10^{-6} mol/mol

不确定度/准确度等级/最大允许误差:U_{rel}＝2.4%,k＝2

【技术能力】国内先进

【服务领域】挥发性有机化合物光离子化检测仪通过检测被电离物质的离子或电子在正负电场的作用下产生的微弱电流的大小,以此来测算该物质在空气中的含量。挥发性有机化合物光离子化检测仪主要应用于高端化工、环境监测、医疗卫生等领域。该装置承担了挥发性有机化合物光离子化检测仪的计量、校准工作,为确保这类仪器的量值统一、溯源提供了技术支持。

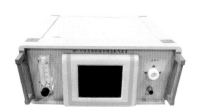

【保存地点】山东省计量科学研究院千佛山园区

【计量标准名称】火焰光度计检定装置

【证书编号】[1998]国量标鲁证字第 068 号

[1998]鲁社量标证字第 Z068 号

【技术指标】

测量范围:K:(0.004~0.20)mmol/L;Na:(0.004~1.00)mmol/L

不确定度/准确度等级/最大允许误差:

K:$U=1\%$,$k=2$;Na:$U=1\%$,$k=2$

【技术能力】国内先进

【服务领域】火焰光度计主要用于测量样品中 K、Na 元素的含量,广泛应用于化学分析、肥料分析、药品分析、土壤分析等领域。该标准对评定火焰光度计的性能,保障测量数据的准确、可靠提供了有效的技术支撑。

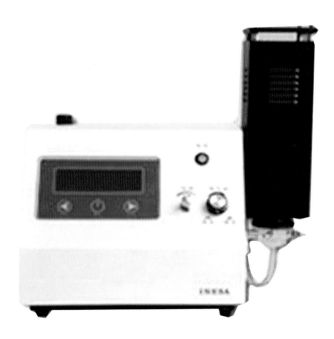

【保存地点】山东省计量科学研究院千佛山园区

【计量标准名称】激光粒度分析仪校准装置

【证书编号】[2014]国量标鲁证字第 158 号

　　　　　　[2014]鲁社量标证字第 Z158 号

【技术指标】

测量范围:工作级

不确定度/准确度等级/最大允许误差:

$$1 \ \mu m < D_{50} \leqslant 5 \ \mu m : U = 5\%, k = 2$$

$$5 \ \mu m < D_{50} \leqslant 20 \ \mu m : U = 3\%, k = 2$$

$$D_{50} > 20 \ \mu m : U = 2.5\%, k = 2$$

【技术能力】国内先进

【服务领域】激光粒度分析仪是通过颗粒的衍射或散射光的空间分布(散射谱)来分析颗粒大小的仪器,主要应用于能源、材料、医药、化工等领域。该标准保证了与材料粒度相关的行业检测数据的准确性和溯源性。

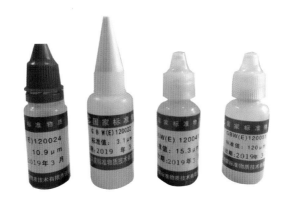

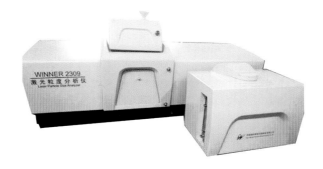

【保存地点】山东省计量科学研究院千佛山园区

【计量标准名称】检定阿贝折射仪标准器组

【证书编号】[2004]国量标鲁证字第 129 号

　　　　　　　[2004]鲁社量标证字第 Z129 号

【技术指标】

测量范围：n_D:1.47001～1.67247；n_F-n_C:0.00708～0.02089

不确定度/准确度等级/最大允许误差：

$$n_D:U=5\times10^{-5},k=3；n_F-n_C:U=7\times10^{-5},k=3$$

【技术能力】国内先进

【服务领域】阿贝折射仪用于测定透明、半透明液体或固体的折射率 n_D 和平均色散 n_F-n_C，主要用于石油化工、食品检测、材料、科研等领域。该标准确保了阿贝折射仪量值的准确、可靠，为相关领域提供了必要的计量保障。

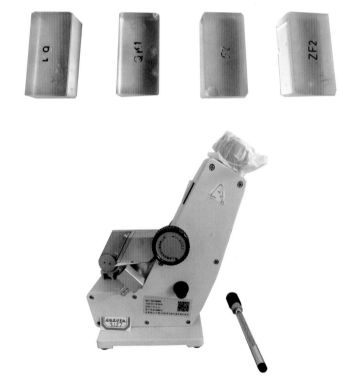

【保存地点】山东省计量科学研究院千佛山园区

【计量标准名称】卡尔费休滴定法水分测定仪检定装置

【证书编号】[2014]国量标鲁证字第 160 号

[2014]鲁社量标证字第 Z160 号

【技术指标】

测量范围:水分:(0.01~20)mg

不确定度/准确度等级/最大允许误差:

(0.01~5)mg:±(5%检定点+3)μg

(5~20)mg:±7%

【技术能力】国内先进

【服务领域】卡尔费休滴定法水分测定仪用于测量液体及固体粉末中的水分含量,广泛应用于石油化工、新材料、新能源、检验检测等领域,按测量原理可分为容量法和库仑法。该标准保证了卡尔费休滴定法水分测定仪量值的准确、可靠,为相关领域的测量结果提供了计量技术支撑。

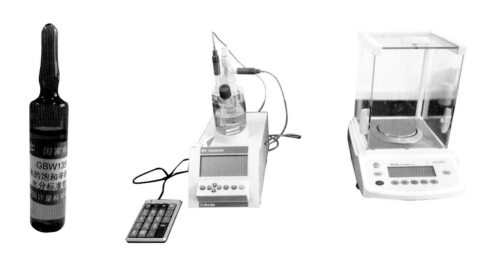

【保存地点】山东省计量科学研究院千佛山园区

【计量标准名称】可燃气体检测报警器检定装置

【证书编号】［1996］国量标鲁证字第 045 号

　　　　　　［1996］鲁社量标证字第 Z045 号

【技术指标】

测量范围：$(0\sim100)\%$LEL

不确定度/准确度等级/最大允许误差：$U_{rel}=2\%,k=2$

【技术能力】国内先进

【服务领域】可燃气体检测报警器用于检测作业场所内可燃气体的浓度值，广泛应用于石油、燃气、化工、公共场所等领域。该标准确保了可燃气体检测结果的准确、可靠，有效地预防了爆炸事故的发生，为各类作业场所的人员生命安全及财产安全提供了有效的保障。

【保存地点】山东省计量科学研究院千佛山园区

【计量标准名称】矿用氧气检测报警器检定装置

【证书编号】[2016]鲁量标证字第 174 号

　　　　　　[2016]鲁社量标证字第 Z174 号

【技术指标】

测量范围:(0~25)%mol/mol

不确定度/准确度等级/最大允许误差:$U_{rel}=1.0\%,k=2$

【技术能力】国内先进

【服务领域】矿用氧气检测报警器用于检测矿井内的氧气浓度值,在矿用场所配置氧气检测报警器可实时对现场的氧气浓度进行检测,保障作业人员的安全,故广泛应用于矿井作业场所。该标准确保了井下环境中甲烷检测值的准确、可靠和有效溯源,为矿井作业场所的人员安全提供了有力的安全保障。

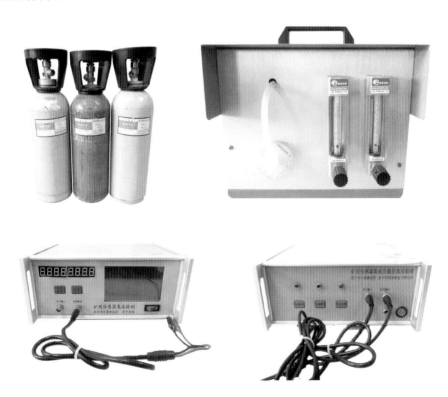

【保存地点】山东省计量科学研究院千佛山园区

【计量标准名称】离子色谱仪检定装置

【证书编号】［2008］国量标鲁证字第 032 号

　　　　　　［2008］鲁社量标证字第 Z032 号

【技术指标】

测量范围:Cl^-:(0.05～10)mg/L;NO_2^-:(0.15～20)mg/L

　　　　　Li^+:(0.05～10)mg/L;I^-:(0.05～20)mg/L

不确定度/准确度等级/最大允许误差:

　　　　　Cl^-:$U=1.0\%$,$k=2$;NO_2^-:$U=2.2\%$,$k=2$

　　　　　Li^+:$U=1.2\%$,$k=2$;I^-:$U=1.6\%$,$k=2$

【技术能力】国内先进

【服务领域】离子色谱仪是高效液相色谱仪的一种,主要用于对环境样品的分析,包括地面水、饮用水、雨水、生活污水和工业废水、酸沉降物和大气颗粒物等样品中的阴、阳离子,以及与微电子工业有关的水和试剂中痕量杂质的分析,广泛应用于食品、卫生、石油化工、水文及地质等领域。该标准保证了离子色谱仪量值的准确传递,也对离子色谱仪的研发和评价提供了一个技术平台。

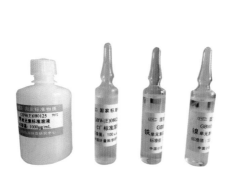

【保存地点】山东省计量科学研究院千佛山园区

【计量标准名称】六氟化硫检测报警仪校准装置

【证书编号】［2016］国量标鲁证字第 183 号

　　　　　　［2016］鲁社量标证字第 Z183 号

【技术指标】

测量范围：$(0\sim1000)\times10^{-6}$ mol/mol

不确定度/准确度等级/最大允许误差：$U_{rel}=2.2\%$ ，$k=2$

【技术能力】国内先进

【服务领域】六氟化硫检测报警仪用于检测环境中的六氟化硫气体浓度值，广泛应用于电力、材料、化工、家电等领域。该标准确保了六氟化硫检测报警仪量值的准确、可靠，为电力的生产和传输安全提供了保证。

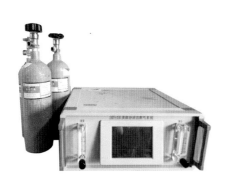
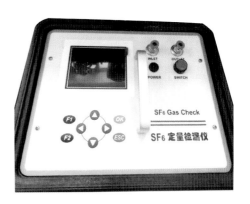

【保存地点】山东省计量科学研究院千佛山园区

【计量标准名称】氯气检测报警器校准装置

【证书编号】〔2016〕国量标鲁证字第 182 号

　　　　　　〔2016〕鲁社量标证字第 Z182 号

【技术指标】

测量范围:(0~100)μmol/mol

不确定度/准确度等级/最大允许误差:$U_{rel}=2.0\%,k=2$

【技术能力】国内先进

【服务领域】氯气检测报警器用来检测作业场所中氯气的泄漏情况,主要应用于石油化工等领域。该标准确保了氯气检测结果的准确、可靠,可有效预防中毒事故的发生,为各类作业场所的人员生命安全及财产安全提供了有效保障。

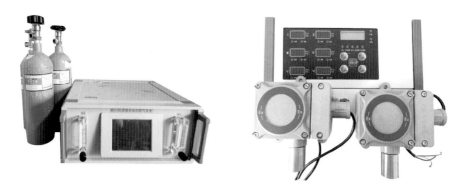

【保存地点】山东省计量科学研究院千佛山园区

【计量标准名称】滤光光电比色计检定装置

【证书编号】[1996]鲁量标证字第 047 号

[1996]鲁社量标证字第 C047 号

【技术指标】

测量范围：$K_2Cr_2O_7$：$(30\sim180)\mu g/mL$

$CuSO_4$：$(2000\sim8000)\mu g/mL$

不确定度/准确度等级/最大允许误差：

$K_2Cr_2O_7$：$U_{rel}=1.2\%$，$k=2$

$CuSO_4$：$U_{rel}=1.0\%$，$k=2$

【技术能力】国内先进

【服务领域】滤光光电比色计依据物质分子对可见光产生的特征吸收光谱及光吸收定律（朗伯-比尔定律），用未知浓度样品与已知浓度标准物质比较的方法进行定量分析，广泛应用于现代农业等领域。该标准对评价仪器性能，保障仪器的量值准确、可靠具有重要作用。

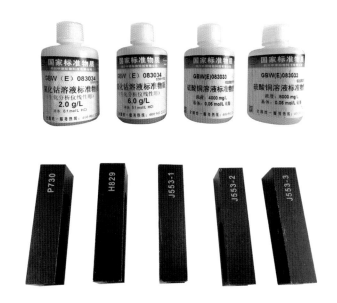

【保存地点】山东省计量科学研究院千佛山园区

【计量标准名称】毛细管黏度计标准装置

【证书编号】[1996]国量标鲁证字第 035 号

[1996]鲁社量标证字第 Z035 号

【技术指标】

测量范围:$(1\sim1\times10^5)\,\mathrm{mm}^2/\mathrm{s}$

不确定度/准确度等级/最大允许误差:$U_{\mathrm{rel}}=(0.15\sim0.60)\%,k=2$

【技术能力】国内先进

【服务领域】毛细管黏度计是用于测量流体(液体和气体)黏度的仪器,广泛应用于石油化工、新能源、新材料、医药健康等领域。该标准保证了黏度计量器具的量值统一,确保了黏度测量结果的准确、可靠,对山东省石油化工行业的发展提供了有效的技术支撑。

【保存地点】山东省计量科学研究院千佛山园区

【计量标准名称】煤中全硫测定仪检定装置

【证书编号】[2008]国量标鲁证字第 092 号

　　　　　　[2008]鲁社量标证字第 Z092 号

【技术指标】

测量范围:标准物质全硫含量:0.50％～2.89％

　　　　　标准铂铑 10-铂热电偶温度:(1000～1400)℃

不确定度/准确度等级/最大允许误差:

　　　　　标准物质全硫含量:$U＝0.02％～0.05％,k＝2$

　　　　　标准铂铑 10-铂热电偶温度:二等

【技术能力】国内先进

【服务领域】煤中全硫测定仪用于测定煤炭中的硫分含量,广泛应用于煤炭、电力、环保等领域。煤在燃烧过程中产生的二氧化硫气体对大气环境的影响非常大,该标准为准确、可靠地测定煤中全硫提供了技术支持,对治理大气污染过程中的硫排放具有重要作用。

【保存地点】山东省计量科学研究院千佛山园区

【计量标准名称】酶标分析仪检定装置

【证书编号】[2007]鲁量标证字第 107 号

[2007]鲁社量标证字第 C107 号

【技术指标】

测量范围:吸光度:0.200～1.500

不确定度/准确度等级/最大允许误差:吸光度:$U=0.005, k=2$

【技术能力】国内先进

【服务领域】酶标分析仪主要用于医疗卫生、生物科技、食品安全等领域。该标准可以对单波长/双波长、连续可调波长、单通道/多通道的酶标分析仪开展量值传递与溯源工作,保障了仪器量值的准确、可靠,为疾病预防、生物医药的研发提供了有效的计量支撑。

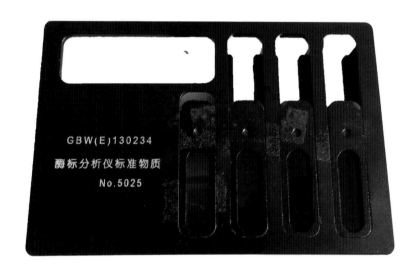

【保存地点】山东省计量科学研究院千佛山园区

【计量标准名称】木材含水率测量仪检定装置

【证书编号】[2014]鲁量标证字第 157 号

　　　　　　[2014]鲁社量标证字第 C157 号

【技术指标】

测量范围:(0~200)g

不确定度/准确度等级/最大允许误差:$U=0.5\%,k=2$

【技术能力】国内先进

【服务领域】木材含水率测量仪是能够快速检测木材及其制品含水率的计量器具,主要应用于农林业、家具生产等领域。该标准解决了木材含水率的检定和校准问题,为我国木材、家具等产业的质量控制提供了技术支持。

【保存地点】山东省计量科学研究院千佛山园区

【计量标准名称】硫化氢气体检测仪检定装置

【证书编号】[2011]国量标鲁证字第 141 号

[2011]鲁社量标证字第 Z141 号

【技术指标】

测量范围:硫化氢:$(0\sim200)\times10^{-6}$ mol/mol

不确定度/准确度等级/最大允许误差:

硫化氢:$U_{rel}=2.1\%,k=2$

【技术能力】国内先进

【服务领域】硫化氢气体检测仪由传感器探测环境中的硫化氢气体并产生电信号,再以浓度的方式显示出来,多用于检测排出气体中硫化氢的浓度,广泛应用于钢铁业、装备制造业、轻工业、石化产业、有色金属业等领域。该标准满足了山东省内对硫化氢气体检测仪的检定需求,确保了硫化氢气体检测浓度的准确可靠,为山东省高端装备制造和国家重点工程建设提供了计量技术支撑和保障。

【保存地点】山东省计量科学研究院千佛山园区

【计量标准名称】气相色谱仪检定装置

【证书编号】[1996]国量标鲁证字第 089 号

　　　　　　[1996]鲁社量标证字第 Z089 号

【技术指标】

测量范围:温度:(0～420)℃

　　　　　标准物质:苯-甲苯:5.01 mg/mL

　　　　　正十六烷-异辛烷:100 ng/μL

　　　　　甲基对硫磷-无水乙醇:10.1 ng/μL

　　　　　丙体 666-异辛烷:100 ng/mL

　　　　　偶氮苯-异辛烷:10.1 ng/μL

　　　　　马拉硫磷-异辛烷:8.68 ng/μL

　　　　　气体标准物质:甲烷中的多元气体标准物质

　　　　　$(95.0 \times 10^{-6} \sim 2.53\%)$ mol/mol

不确定度/准确度等级/最大允许误差:

　　　　　液体标准物质:$U_{rel} = 3\%$,$k = 2$

　　　　　气体标准物质:$U_{rel} = 1\% \sim 2\%$,$k = 2$;温度:二等

【技术能力】国内先进

【服务领域】气相色谱仪是以气体作为流动相,利用物质的沸点、极性及吸附性质的差异实现混合物的分离,通过检测器对组分进行定性、定量分析的仪器,广泛应用于石油化工、食品药品、医疗卫生、环境监测等领域。该标准对评价仪器性能,保障测量结果的准确、可靠具有重要作用。

【保存地点】山东省计量科学研究院千佛山园区

【计量标准名称】汽车排气分析仪检定装置

【证书编号】［1996］鲁量标证字第 045 号

　　　　　　［1996］鲁社量标证字第 C045 号

【技术指标】

测量范围：CO：$(0\% \sim 5.0\%) mol/mol$；$C_x H_y$：$(0 \sim 6400) \times 10^{-6} mol/mol$

　　　　　CO_2：$(0\% \sim 99\%) mol/mol$；O_2：$(0\% \sim 100\%) mol/mol$

　　　　　NO：$(0 \sim 5000) \times 10^{-6} mol/mol$

不确定度/准确度等级/最大允许误差：

　　　　CO：$U_{rel} = 1\%, k = 2$；$C_x H_y$：$U_{rel} = 1\%, k = 2$

　　　　CO_2：$U_{rel} = 1\%, k = 2$；NO：$U_{rel} = 1\%, k = 2$

　　　　O_2：$U_{rel} = 1\%, k = 2$

【技术能力】国内先进

【服务领域】汽车排气分析仪是利用不分光红外线和电化学传感器对汽车尾气中的主要组分 CO、$C_x H_y$、CO_2、NO_x 和 O_2 进行测量分析的仪器,广泛应用于环保部门、交通部门、汽车检测线公司等行业。该标准解决了汽车检测以及环境监测行业的汽车排气分析仪溯源问题,为汽车检测线公司、政府部门提供了准确的数据与计量溯源的依据。

【保存地点】山东省计量科学研究院千佛山园区

【计量标准名称】熔点测定仪检定装置

【证书编号】[2003]国量标鲁证字第 127 号

[2003]鲁社量标证字第 Z127 号

【技术指标】

测量范围:$(50\sim300)$℃

不确定度/准确度等级/最大允许误差:$U=(0.05\sim0.2)$℃,$k=2$

【技术能力】国内先进

【服务领域】熔点测定仪用于测量毛细管熔点或热力学熔点,主要应用于化工、制药、材料等领域。该标准可开展毛细管法熔点测定仪和热台法熔点测定仪的检校工作,保证了仪器量值的准确、可靠。

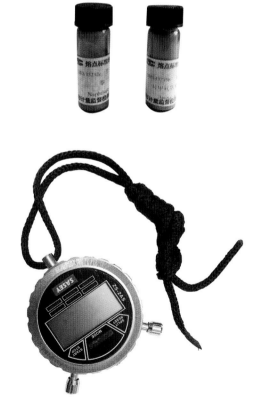

【保存地点】山东省计量科学研究院千佛山园区

【计量标准名称】熔体流动速率仪检定装置

【证书编号】[2001]国量标鲁证字第 012 号

　　　　　　[2001]鲁社量标证字第 Z012 号

【技术指标】

测量范围:MFR:(1.00～7.30)g/10 min

不确定度/准确度等级/最大允许误差:

$$U=(0.06～0.35)g/10\ min,k=2$$

【技术能力】国内领先

【服务领域】熔体流动速率仪又称"熔融指数仪",用于测定各种塑胶、树脂在黏流状态时的熔体流动速率(MFR)值,广泛应用于材料、石油化工等领域。该标准为聚碳酸酯、聚芳砜、氟塑料、尼龙等工程塑料行业的研发、性能检测与质量控制提供了计量依据,为新材料、石油化工行业的产品研发、生产提供了技术支撑。

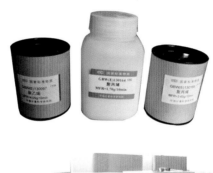

【保存地点】山东省计量科学研究院千佛山园区

【计量标准名称】渗透压摩尔浓度测定仪检定装置

【证书编号】［2016］国量标鲁证字第 172 号

　　　　　　［2016］鲁社量标证字第 Z172 号

【技术指标】

测量范围：(100～700)mOsm/kg

不确定度/准确度等级/最大允许误差：$U=(1.5～3.2)\mathrm{mOsm/kg},k=2$

【技术能力】国内先进

【服务领域】渗透压摩尔浓度测定仪采用冰点下降法间接测定溶液的渗透压摩尔浓度，主要应用于生物、制药等行业。该标准可保证渗透压摩尔浓度量值的准确、可靠，为生命科学、制药和临床用药、医疗诊治等领域提供了可靠的计量保障。

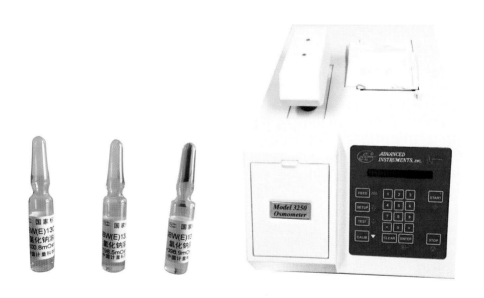

【保存地点】山东省计量科学研究院千佛山园区

【计量标准名称】示差扫描热量计检定装置

【证书编号】[2006]国量标鲁证字第 135 号

[2006]鲁社量标证字第 Z135 号

【技术指标】

测量范围:室温～700 ℃

不确定度/准确度等级/最大允许误差:

温度:$U=(0.06～0.94)℃, k=2$

热量:$U=(0.18～1.3)J/g, k=2$

【技术能力】国内领先

【服务领域】示差扫描热量计是测量与材料内部热转变相关的温度、热流的关系的仪器,广泛应用于新能源、新材料、化工、食品药品等领域。该标准由 6 种示差扫描热分析标准物质、精密分析天平等组成,为材料的研发、性能检测与质量控制提供了计量支撑,为新能源、新材料、高端化工行业的产品加工、研发提供了计量保障。

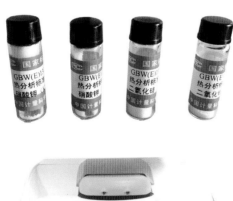

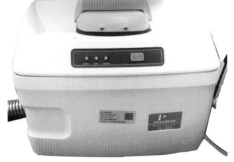

【保存地点】山东省计量科学研究院千佛山园区

【计量标准名称】水中油分浓度分析仪检定装置

【证书编号】[2003]国量标鲁证字第 128 号

　　　　　　　[2003]鲁社量标证字第 Z128 号

【技术指标】

测量范围:(0～1000)mg/L

不确定度/准确度等级/最大允许误差:$U_{rel}=3\%,k=2$

【技术能力】国内先进

【服务领域】水中油分浓度分析仪是用于测定地下水、地表水、生活污水和工业废水中的石油类和动植物油类浓度的仪器,主要应用于环境监测领域。该标准对评价仪器性能,保证测量结果的准确、可靠具有重要作用,为环境监测领域提供了重要的计量技术保障。

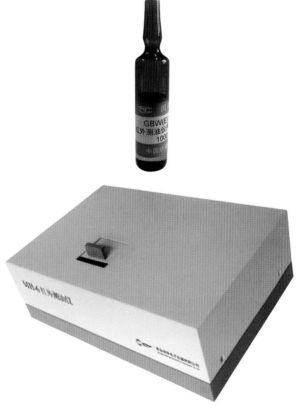

【保存地点】山东省计量科学研究院千佛山园区

【计量标准名称】台式气相色谱-质谱联用仪校准装置

【证书编号】［2009］国量标鲁证字第 090 号

　　　　　　　［2009］鲁社量标证字第 Z090 号

【技术指标】

测量范围:异辛烷中八氟萘标准物质:100 pg/μL

　　　　　异辛烷中六氯苯标准物质和异辛烷中二苯甲酮标准

　　　　　物质:10.0 ng/μL

　　　　　标准铂电阻温度计:(0～419)℃

不确定度/准确度等级/最大允许误差:

　　　　　标准物质不确定度:U_{rel}＝3％,k＝2

　　　　　标准铂电阻温度计:二等

【技术能力】国内先进

【服务领域】台式气相色谱-质谱联用仪是将气相色谱仪与质谱仪通过一定的接口耦合到一起,样品先在色谱仪中分离后,再用质谱仪进行定性、定量分析的仪器,广泛应用于材料研发、医药卫生、环境监测、食品安全及科研等领域。该标准对于评价仪器的性能,保证测量结果的准确、可靠具有重要作用。

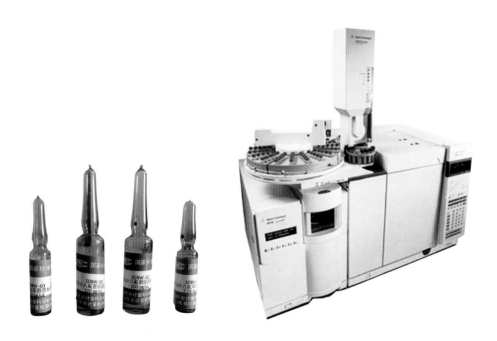

【保存地点】山东省计量科学研究院千佛山园区

【计量标准名称】旋光仪及旋光糖量计检定装置

【证书编号】［1997］国量标鲁证字第 051 号

　　　　　　　［1997］鲁社量标证字第 Z051 号

【技术指标】

测量范围：$-45°\sim+45°$

不确定度/准确度等级/最大允许误差：$U=0.003°,k=3$

【技术能力】国内先进

【服务领域】旋光仪是测定物质旋光度的仪器，通过对样品旋光度的测量，可以定性区分化学性质接近的物质或同分异构体，分析确定物质的浓度、含量及纯度等，主要应用于化工、制药、检验检测等领域。该标准保证了旋光仪的量值传递和溯源，为上述行业的测量结果提供了计量保障。

【保存地点】山东省计量科学研究院千佛山园区

【计量标准名称】烟气分析仪检定装置

【证书编号】[2005]国量标鲁证字第 117 号

[2005]鲁社量标证字第 Z117 号

【技术指标】

测量范围: SO_2 : $(0\sim5000)\times10^{-6}$ mol/mol

NO : $(0\sim5000)\times10^{-6}$ mol/mol

CO : $(0.00\%\sim5.00\%)$ mol/mol

O_2 : $(0\%\sim30.0\%)$ mol/mol

不确定度/准确度等级/最大允许误差:

SO_2 : $U_{rel}=2.2\%$, $k=2$; NO : $U_{rel}=1.2\%$, $k=2$

CO : $U_{rel}=1.2\%$, $k=2$; O_2 : $U_{rel}=1.2\%$, $k=2$

【技术能力】国内先进

【服务领域】烟气分析仪主要用于测量烟气中的二氧化硫、氮氧化物、一氧化碳等有害气体及氧气的浓度,广泛应用于环保监测等行业。该标准承担了烟气分析仪的计量检定及校准工作,能够为环保部门提供准确的技术数据和可靠的量值溯源,为环境监测提供了重要的技术保障。

【保存地点】山东省计量科学研究院千佛山园区

【计量标准名称】氧弹热量计检定装置

【证书编号】[1999]国量标鲁证字第 023 号

　　　　　　[1999]鲁社量标证字第 Z023 号

【技术指标】

测量范围:(0~15000)J/K

不确定度/准确度等级/最大允许误差:$U=0.1\%$,$k=2$

【技术能力】国内先进

【服务领域】氧弹热量计是用于测定固体、液体燃料热值的计量仪器,主要应用于煤炭、电力等领域。该标准可溯源至燃烧热国家计量基准,可以对等温型氧弹热量计、绝热型氧弹热量计和自动氧弹热量计进行检定和校准,对于煤炭的分类、生产和使用有着重要的计量保障意义。

【保存地点】山东省计量科学研究院千佛山园区

【计量标准名称】氧分析仪检定装置

【证书编号】［2007］国量标鲁证字第 014 号

　　　　　　［2007］鲁社量标证字第 Z014 号

【技术指标】

测量范围：$(0\sim1000)\mu\mathrm{mol/mol}$；$(0.1\sim100)\%\mathrm{mol/mol}$

不确定度/准确度等级/最大允许误差：$U_{\mathrm{rel}}=1.0\%,k=2$

【技术能力】国内先进

【服务领域】氧分析仪是用来测量氧气浓度的计量器具，检测原理包括电化学式、顺磁式和氧化锆原理式等，广泛应用于化工、钢铁、冶金、环境及工业过程控制等领域。该标准是一套综合性的氧分析仪检定装置，可以承担电化学氧测定仪、氧化锆分析器、顺磁式氧分析器和微量氧分析仪的计量检定和校准工作，以确保氧分析仪量值的准确性。

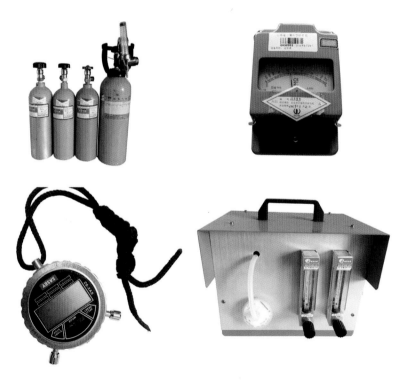

【保存地点】山东省计量科学研究院千佛山园区

【计量标准名称】液相色谱仪检定装置

【证书编号】［1998］国量标鲁证字第 069 号

　　　　　　　［1998］鲁社量标证字第 Z069 号

【技术指标】

测量范围：质量：$(0\sim200)$g；时间：$(0\sim30)$min

　　　　　标准物质：萘-甲醇标准溶液：1×10^{-7} g/mL、1×10^{-4} g/mL

　　　　　胆固醇-甲醇标准溶液：5 μg/mL、200 μg/mL

不确定度/准确度等级/最大允许误差：

　　　　　质量：1 级；时间：±0.10 s/h

　　　　　标准物质：$U_{rel}=2\%\sim4\%$，$k=2$

【技术能力】国内先进

【服务领域】液相色谱仪是利用混合物在液-固或不互溶的两种液体之间分配比的差异，先对混合物进行分离，然后分析鉴定的系统，系统由储液器、泵、进样器、色谱柱、检测器、记录仪等几部分组成，广泛应用于检验检测、石油化工、医疗卫生、环境保护等领域。该标准对评价仪器性能，保证测量结果的准确、可靠具有重要作用。

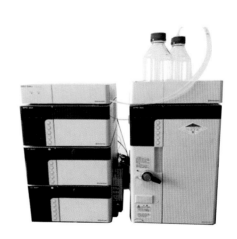

【保存地点】山东省计量科学研究院千佛山园区

【计量标准名称】液相色谱-质谱联用仪校准装置

【证书编号】[2014]国量标鲁证字第 152 号

　　　　　　[2014]鲁社量标证字第 Z152 号

【技术指标】

测量范围:异丙醇-水溶液中利舍平:1.008 μg/mL

不确定度/准确度等级/最大允许误差:

　　异丙醇-水溶液中利舍平:$U_{rel}=2.0\%$,$k=2$

【技术能力】国内先进

【服务领域】液相色谱-质谱联用仪是液相色谱与质谱联用的仪器,它结合了液相色谱仪有效分离热不稳性及高沸点化合物的分离能力与质谱仪很强的组分鉴定能力,是一种分离分析复杂有机混合物的有效手段,在药物分析、食品分析和环境分析等许多领域得到了广泛的应用。该标准对评价仪器性能,保证测量结果的准确、可靠具有重要作用。

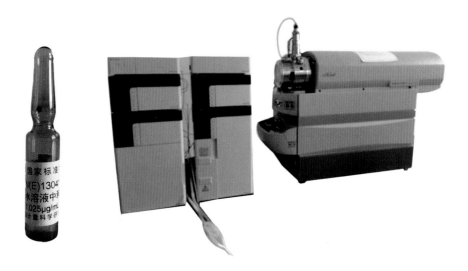

【保存地点】山东省计量科学研究院千佛山园区

【计量标准名称】一氧化碳、二氧化碳红外气体分析器检定装置

【证书编号】[1996]国量标鲁证字第 046 号

　　　　　　[1996]鲁社量标证字第 Z046 号

【技术指标】

测量范围:CO:(0~10000)μmol/mol;CO$_2$:(0~5.0)%

不确定度/准确度等级/最大允许误差:

　　　CO:$U_{rel}=1.1\%,k=2$

　　　CO$_2$:$U_{rel}=1.2\%,k=2$

【技术能力】国内先进

【服务领域】一氧化碳、二氧化碳红外气体分析器和一氧化碳报警器广泛应用于钢铁冶金、石油化工、环境监测、职业卫生等领域。该标准承担了一氧化碳、二氧化碳红外气体分析器和一氧化碳报警器的计量检定及校准工作,为环境监测、职业卫生及企业生产过程控制等领域的气体检测数据提供了准确、可靠的计量保障。

【保存地点】山东省计量科学研究院千佛山园区

【计量标准名称】一氧化碳检测报警器检定装置

【证书编号】[2016]国量标鲁证字第 184 号

        [2016]鲁社量标证字第 Z184 号

【技术指标】

测量范围：$(0\sim1000)\mu mol/mol$

不确定度/准确度等级/最大允许误差：$U_{rel}=2.2\%,k=2$

【技术能力】国内先进

【服务领域】矿用一氧化碳检测报警器主要用于检测矿井中一氧化碳气体的浓度,广泛应用于矿井作业场所。该标准承担着山东省内矿用一氧化碳检测报警器的计量检定工作,确保了井下环境中一氧化碳浓度检测的准确、可靠和有效溯源,为矿井作业场所的人员安全提供了有力的安全保障。

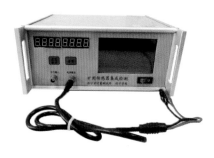
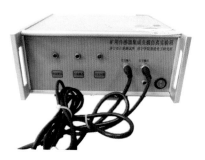

【保存地点】山东省计量科学研究院千佛山园区

【计量标准名称】荧光分光光度计检定装置

【证书编号】[1998]国量标鲁证字第 067 号

[1998]鲁社量标证字第 Z067 号

【技术指标】

测量范围:波长:(190~900)nm

不确定度/准确度等级/最大允许误差:

波长:±0.2 nm;荧光标记物:$U_{rel}=0.5\%,k=2$

【技术能力】国内先进

【服务领域】荧光分光光度计是用于扫描液相荧光标记物所发出的荧光光谱的一种仪器,广泛应用于医疗卫生、环境监测、食品检验、水质分析及科研等领域。该标准保证了荧光光度计测量数据的准确性和量值溯源的可靠性。

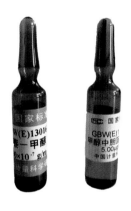

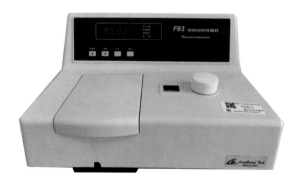

【保存地点】山东省计量科学研究院千佛山园区

【计量标准名称】原子吸收分光光度计检定装置

【证书编号】[1996]国量标鲁证字第 048 号

　　　　　　[1996]鲁社量标证字第 Z048 号

【技术指标】

测量范围:Cu:(0.00~5.00)μg/mL;Cd:(0.00~5.00)ng/mL

不确定度/准确度等级/最大允许误差:

　　　　Cu:$U_{rel}=1\%$,$k=2$;Cd:$U_{rel}=2\%$,$k=2$

【技术能力】国内先进

【服务领域】原子吸收分光光度计是根据物质基态原子蒸气对特征辐射吸收的作用来进行金属元素分析的仪器,一般由 4 部分组成,即光源(单色锐线辐射源)、试样原子化器、单色仪和数据处理系统(包括光电转换器及相应的检测装置),广泛应用于各个分析领域。该标准对评价仪器的性能,保证测量结果的准确、可靠具有重要作用,为检验检测机构、企事业单位的测量结果提供了计量保障。

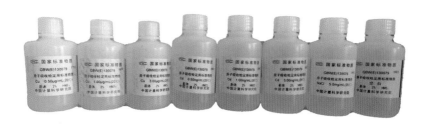

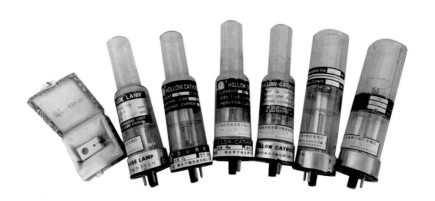

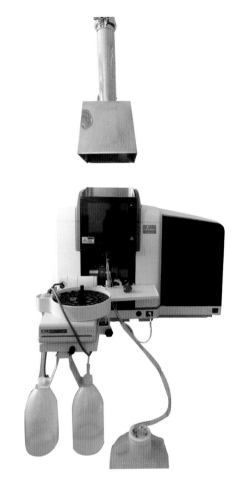

【保存地点】山东省计量科学研究院千佛山园区

【计量标准名称】原子荧光光度计检定装置

【证书编号】［2005］国量标鲁证字第 130 号

　　　　　　［2005］鲁社量标证字第 Z130 号

【技术指标】

测量范围:As:(0~20)ng/mL;Sb:(0~20)ng/mL

不确定度/准确度等级/最大允许误差:

$$As:U_{rel}=1.5\%,k=2;Sb:U_{rel}=1.8\%,k=2$$

【技术能力】国内先进

【服务领域】原子荧光光度计的原理是用由光源发出的特征辐射光照射被测元素的原子蒸气,基态原子被激发到高能级,高能级不稳定返回基态时以光辐射的形式发射特征波长的荧光,根据产生的荧光强度进行定量分析,可对 As(砷)、Sb(锑)、Bi(铋)、Pb(铅)、Sn(锡)等 18 种元素的痕量进行分析检测,广泛应用于环境监测、疾病预防、食品药品及科学研究领域。该标准对评价仪器性能,保证测量结果的准确可靠具有重要作用。

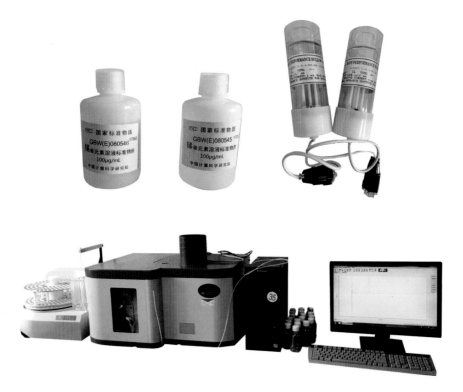

【保存地点】山东省计量科学研究院千佛山园区

【计量标准名称】浊度计检定装置

【证书编号】［1999］鲁量标证字第 016 号

　　　　　　［1999］鲁社量标证字第 Z016 号

【技术指标】

测量范围:(0~400)NTU

不确定度/准确度等级/最大允许误差:$U_{rel}=3.3\%$,$k=2$

【技术能力】国内先进

【服务领域】浊度即水的浑浊程度,浊度计是测定水的浊度的装置,广泛应用于市政供水、饮用水处理、污水处理、废水处理、纸浆及造纸行业等领域。该标准保障了浊度计单位的统一和量值的准确、可靠,为各种水质的评定提供了有力的技术支撑,为保护水资源提供了可靠的保障。

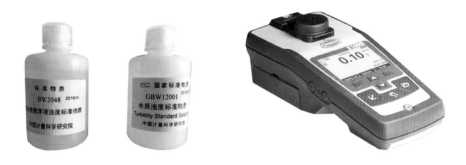

【保存地点】山东省计量科学研究院千佛山园区

【计量标准名称】紫外可见近红外分光光度计检定装置

【证书编号】〔1996〕国量标鲁证字第 047 号

〔1996〕鲁社量标证字第 Z047 号

【技术指标】

测量范围：波长：(200～2600)nm；透射比：(0～60)％τ

不确定度／准确度等级／最大允许误差：

波长：$U=(0.1～0.5)$nm，$k=2$

透射比：$U=(0.1～0.3)$％τ，$k=2$

【技术能力】国内先进

【服务领域】紫外可见近红外分光光度计是根据物质的分子对紫外、可见、近红外区辐射的选择性吸收和朗伯-比尔定律对物质进行定性鉴别和定量分析的仪器，广泛应用于各个分析检测领域。该标准可对可见分光光度计、紫外可见分光光度计、紫外可见近红外分光光度计进行检定和校准，对评价仪器性能，保证测量结果的准确、可靠具有重要作用。

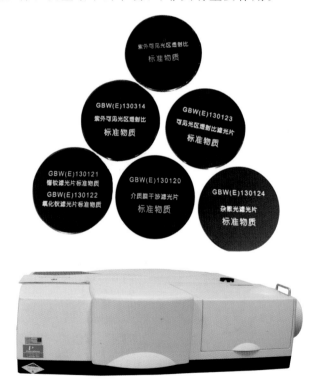

【保存地点】山东省计量科学研究院千佛山园区

【计量标准名称】总悬浮颗粒物采样器检定装置

【证书编号】[2014]鲁量标证字第 156 号

　　　　　　[2014]鲁社量标证字第 C156 号

【技术指标】

测量范围:(80～120)L/min;(800～1200)L/min

不确定度/准确度等级/最大允许误差:MPE:±1%

【技术能力】国内先进

【服务领域】总悬浮颗粒物采样器是指能够采集空气动力学当量直径小于 100 μm 的颗粒物的仪器,主要应用于环境监测领域。该标准保证了采样器的量值准确、可靠,为环境保护工作提供了计量技术保障。

【保存地点】山东省计量科学研究院千佛山园区

【计量标准名称】二氧化硫气体检测仪检定装置

【证书编号】[2019]国量标鲁证字第 199 号

[2019]鲁社量标证字第 Z199 号

【技术指标】

测量范围:$(0 \sim 5000) \times 10^{-6}$ mol/mol

不确定度/准确度等级/最大允许误差:$U_{rel} = 2.1\%$,$k = 2$

【技术能力】国内先进

【服务领域】二氧化硫气体检测仪将标准气体通过动态配气装置进行稀释,由传感器转换成相应的电信号,并以浓度值显示出来,多用于检测排出气体中二氧化硫的浓度,广泛应用于钢铁业、装备制造业、轻工业、石化工业、有色金属工业等领域。该标准满足了山东省内对二氧化硫气体检测仪的检定需求,确保了二氧化硫气体检测浓度的准确可靠,为山东省高端装备制造和国家重点工程的建设提供了计量技术支撑和保障。

【保存地点】山东省计量科学研究院千佛山园区

【计量标准名称】粉尘测定仪检定装置

【证书编号】［2019］鲁量标鲁法证字第 064 号

　　　　　　［2019］鲁社量标证字第 C064 号

【技术指标】

测量范围：(0～200)g

不确定度/准确度等级/最大允许误差：1 级

【技术能力】国内先进

【服务领域】粉尘测定仪检定装置主要由粉尘发生装置、粉尘浓度监测仪、电子天平等仪器组成，广泛应用于矿业、环境监测、卫生防疫等领域粉尘浓度测量仪的检定校准。该标准满足了山东省内对粉尘浓度测量仪的检定需求，为山东省环境、卫生等部门的监督检查和量值溯源提供了保障。

【保存地点】山东省计量科学研究院千佛山园区

附　录　计量标准名录

1. 双频激光干涉仪标准装置

2. 全球卫星定位(GPS)接收机校准装置

3. 套管尺检定装置

4. 二等量块标准装置

5. 三等量块标准装置

6. 百分表检定仪检定装置

7. 表面粗糙度比较样块标准装置

8. 测微量具检定装置

9. 单刻线样板标准装置

10. 刀口形直尺检定装置

11. 端度测量仪器检定装置

12. 端度仪器标准装置

13. 多刻线样板标准装置

14. 钢卷尺标准装置

15. 焊接检验尺检定装置

16. 环规检定装置

17. 混凝土裂缝宽度及深度测量仪校准装置

18. 渐开线样板标准装置

19. 角度尺检定装置

20. 经纬仪、水准仪检定仪检定装置

21. 经纬仪水准仪检定装置

22. 卡尺量具检定装置

23. 螺旋线样板标准装置

24. 平尺、平板检定装置

25. 平面、平晶检定装置

26. 千分表检定仪检定装置

27. 全站仪检定装置

28. 三等金属线纹尺标准装置

29. 数显分度头标准装置

30. 水平仪检定器检定装置

31. 线位移传感器校准装置

32. 小角度检查仪标准装置

33. 楔形塞尺校准装置

34. 影像测量仪标准装置

35. 影像类测量仪器检定装置

36. 圆度、圆柱度测量仪检定装置

37. 圆柱螺纹量规检定装置

38. 正多面棱体标准装置

39. 正多面棱体检定装置

40. 直角尺检定装置

41. 指示量具检定装置

42. 塞尺检定装置

43. 钢筋保护层、楼板厚度测量仪校准装置

44. WBGT 指数仪校准装置

45. 标准水银温度计标准装置

46. 铂铑 10-铂热电偶工作基准装置

47. 测温二次仪表检定装置

48. 二等铂电阻温度计标准装置

49. 廉金属热电偶校准装置

50. 二等铂铑 30-铂铑 6 热电偶标准装置

51. 风速表检定装置

52. 恒温槽校准装置

53. 红外辐射温度计检定装置

54. 环境试验温度、湿度设备校准装置

55. 机械式温湿度计检定装置

56. 精密露点仪标准装置

57. 空盒气压表(计)检定装置

58. 热电阻、热电偶自动测量系统校准装置

59. 温度数据采集仪校准装置

60. 一等铂电阻温度计标准装置

61. 一等铂铑 10-铂热电偶标准装置

62. 一等铂铑 30-铂铑 6 热电偶标准装置

63. 铠装热电偶校准装置

64. 箱式电阻炉校准装置

65. 表面温度计校准装置

66. 温湿度巡检仪校准装置

67. 医用热力灭菌设备校准装置

68. E_1 等级千克砝码标准装置

69. E_1 等级毫克组砝码标准装置

70. E_1 等级克砝码标准装置

71. E_1 等级克组砝码标准装置

72. E_2 等级千克组砝码标准装置

73. E_2 等级毫克组砝码标准装置

74. E_2 等级克组砝码标准装置

75. F_1 等级大砝码标准装置

76. F_1 等级千克组砝码标准装置

77. F_1 等级毫克组砝码标准装置

78. F_1 等级克组砝码标准装置

79. F_2 等级大砝码标准装置

80. 质量比较仪校准装置

81. 天平检定装置

82. 烘干法水分测定仪检定装置

83. 液体相对密度天平检定装置

84. 自动衡器检定装置

85. 动态公路车辆自动衡器检定装置

86. 非自动衡器检定装置

87. 称重显示器检定装置

88. 0.01 级数字压力发生器标准装置

89. 0.02 级活塞式压力计标准装置

90. 0.005 级活塞式压力计标准装置

91. 0.05 级活塞式压力计标准装置

92. 全自动压力校验标准装置

93. 一等补偿式微压计标准装置

94. 液位计检定装置

95. 静态膨胀法真空标准装置

96. 杠杆式力标准机标准装置

97. 杠杆式力标准机标准装置

98. 叠加式力标准机标准装置

99.静重式力标准机标准装置

100.静重式测力机标准装置(小)

101.0.1级测力仪标准装置

102.0.3级测力仪标准装置

103.摆锤式冲击试验机检定装置

104.引伸计检定装置

105.扭矩机标准装置

106.扭矩扳子检定装置

107.布氏硬度计检定装置

108.洛氏硬度计检定装置

109.表面洛氏硬度计检定装置

110.维氏硬度计检定装置

111.显微硬度计检定装置

112.肖氏硬度计检定装置

113.橡胶硬度计检定装置

114.滤纸式烟度计检定装置

115.滑板式汽车侧滑检验台检定装置

116.轴(轮)重仪检定装置

117.滚筒反力式制动检验台检定装置

118.机动车前照灯检测仪检定装置

119.透射式烟度计检定装置

120.测功机检定装置

121.便携式制动测试仪校准装置

122.汽油车简易瞬态工况法用流量分析仪校准装置

123.纸张检测设备检定装置

124.纸与纸板厚度仪检定装置

125.反射光度计检定装置

126.纸浆打浆度仪测定仪检定装置

127.纸与纸板吸收性仪检定装置

128.一等密度计标准装置

129.一等酒精计标准装置

130.冲击试验台检定装置

131.水泥软练设备检定装置

132.比较法中频振动标准装置

133.汽车行驶记录仪检定装置

134.机动车超速自动监测系统检定装置

135.滚筒式汽车车速表检验台检定装置

136.转速标准装置

137.振动试验台检定装置

138.平板式制动检验台检定装置

139.一等金属量器标准装置

140.计量罐检定装置

141.钟罩式气体流量标准装置

142.一等玻璃量器标准装置

143.二等金属量器标准装置

144.液态物料定量灌装机检定装置

145.皂膜气体流量标准装置

146.明渠堰槽流量计检定装置

147.膜式燃气表检定装置

148.水表检定装置

149.流量积算仪检定装置

150.钟罩式气体流量标准装置(0.2级)

151.LPG加气机检定装置

152.在线液体流量标准装置

153.容积式标准表法气体流量检定装置

154.压缩天然气(CNG)加气机检定装置

155.热能表检定装置(DN50～DN300)

156.临界流喷嘴气体流量标准装置

157.热量表检定装置(DN15～DN50)

158.热能表标准装置标准器组

159.液化天然气加气机检定装置

160.标准表法水流量标准装置

161.静态质量法水流量标准装置

162.音速喷嘴法气体流量标准装置

163.临界流文丘里喷嘴法气体流量标准装置标准器组

164.静态质量法油流量标准装置

165.标准表法油流量标准装置

166.体积管流量标准装置

167.$pVTt$法气体流量标准装置

168.液体流量标准装置检定装置

169.静态质量法水流量标准装置

170.热量表检定装置(DN15～DN50)

171.压缩天然气加气机检定装置校准装置

172.电声检定装置

173.纯音听力计检定装置

174.超声功率计标准装置

175.毫瓦级超声功率源标准装置

176.超声多普勒胎儿监护仪超声源检定装置

177.电动汽车交流充电桩检定装置

178.电动汽车非车载充电机检定装置

179.电压互感器检定装置

180.一等电池标准装置

181.工频高压分压器检定装置

182.钳形接地电阻仪检定装置

183.电阻应变仪检定装置

184.高压高阻检定装置

185.三相电能表检定装置(流水线)

186.单相电能表检定装置(流水线)

187.强磁场标准装置

188.接地导通电阻测试仪检定装置

189.泄漏电流测试仪检定装置

190.三相电能表标准装置

191.电量变送器检定装置

192.直流低电阻表检定装置

193.变压比电桥检定装置

194.直流高电压标准装置

195.火花试验机校准装置

196.高绝缘电阻测量仪(高阻计)检定装置

197.介质损耗测量仪标准装置

198.继电保护测试仪校准装置

199.高压电能表检定装置

200.一等直流电阻标准装置

201.直流电阻箱检定装置

202.交直流电压、电流、功率表检定装置

203.互感器校验仪检定装置

204.电压互感器标准装置

205.电流互感器标准装置

206.单相工频相位表标准装置

207. 耐电压测试仪检定装置

208. 电流互感器检定装置

209. 直流磁电系检流计检定装置

210. 直流电位差计标准装置

211. 绝缘电阻表检定装置

212. 接地电阻表检定装置

213. 直流分压箱检定装置

214. 三用表校验仪检定装置

215. 数字多用表检定装置

216. 高频 Q 表校准装置

217. 电压互感器检定装置

218. 三相电能表标准装置

219. 三相电能表检定装置

220. 数字多用表标准装置

221. 直流电位差计检定装置

222. 电能质量分析仪校准装置

223. 静止式谐波有功电能表检定装置

224. 直流电能表检定装置

225. 电力互感器检定装置

226. 直流电桥检定装置

227. 电视信号发生器校准装置

228. 高频电压标准装置

229. 低频电压标准装置

230. 信号发生器检定装置

231. 示波器检定装置

232. 失真度仪检定装置

233. 半导体管特性图示仪校准装置

234.晶体管特性图示仪校准仪检定装置

235.地感线圈测速系统检定仪检定装置

236.剩余电流动作保护器动作特性检测仪校准装置

237.局用交换机计时计费系统检定装置

238.电话计费器检定仪检定装置

239.电话计时计费器检定装置

240.铷原子频率标准装置

241.秒表检定仪检定装置

242.秒表检定装置

243.多用时间检定仪标准装置

244.数字式时间间隔测量仪检定装置

245.时钟测试仪校准装置

246.白度计检定装置

247.标准色板检定装置

248.测色色差计检定装置

249.黑白密度片检定装置

250.镜向光泽度标准装置

251.漫透射视觉(黑白)密度标准装置

252.光照度标准装置

253.紫外辐射照度标准装置

254.眼镜片顶焦度一级标准装置

255.医用激光源检定装置

256.验光仪顶焦度标准装置

257.眼镜片中心透射比标准装置

258.角膜曲率计检定装置

259.γ谱仪检定装置

260.瞳距仪检定装置

261.医用诊断(CT)X 射线辐射源检定装置

262.超声探伤仪检定装置

263.外照射治疗辐射源检定装置

264.医用诊断 X 射线辐射源检定装置

265.心、脑电图机检定装置

266.心、脑电图机检定仪检定装置

267.血细胞分析仪检定装置

268.半自动生化分析仪检定装置

269.血压计(表)检定装置

270.浮标式氧气吸入器检定装置

271.医用磁共振成像设备标准装置

272.多参数监护仪检定装置

273.呼吸机校准装置

274.放射治疗模拟定位 X 射线辐射源检定装置

275.氡测量仪检定装置

276.数字减影血管造影(DSA)系统 X 射线辐射源检定装置

277.放射性活度计检定装置

278.X 射线探伤机检定装置

279.婴儿培养箱校准装置

280.低本底 α、β 测量仪检定装置

281.X、γ 射线空气比释动能(治疗水平)标准装置

282.医用数字摄像(CR、DR)系统 X 射线辐射源检定装置

283.X、γ 射线空气比释动能(防护水平)标准装置

284.生物显微镜校准装置

285.头部立体定向放射外科 γ 辐射治疗源检定装置

286.心脏除颤器校准装置

287.医用注射泵和输液泵校准装置

288. pH(酸度)计、离子计检定装置

289. pH 计检定仪检定装置

290. 氨氮自动监测仪检定装置

291. 氨基酸分析仪检定装置

292. 氨气检测仪检定装置

293. 采样器检定装置

294. 测汞仪检定装置

295. 臭氧气体分析仪检定装置

296. 催化燃烧式甲烷测定器检定装置

297. 氮氧化物分析仪检定装置

298. 电导率仪检定装置

299. 定碳定硫分析仪检定装置

300. 发射光谱仪检定装置

301. 粉尘采样器检定装置

302. 覆膜电极溶解氧测定仪检定装置

303. 红外分光光度计检定装置

304. 呼出气体酒精含量探测器检定装置

305. 化学需氧量(COD)测定仪检定装置

306. 挥发性有机化合物光离子化检测仪校准装置

307. 火焰光度计检定装置

308. 激光粒度分析仪校准装置

309. 检定阿贝折射仪标准器组

310. 卡尔·费休库仑法微量水分测定仪检定装置

311. 可燃气体检测报警器检定装置

312. 矿用氧气检测报警器检定装置

313. 离子色谱仪检定装置

314. 六氟化硫检测报警仪校准装置

315.氯气检测报警器校准装置

316.滤光光电比色计检定装置

317.毛细管黏度计标准装置

318.煤中全硫测定仪检定装置

319.酶标分析仪检定装置

320.木材含水率测量仪检定装置

321.硫化氢气体检测仪检定装置

322.气相色谱仪检定装置

323.汽车排气分析仪检定装置

324.熔点测定仪检定装置

325.熔体流动速率仪检定装置

326.渗透压摩尔浓度测定仪检定装置

327.示差扫描热量计检定装置

328.水中油分浓度分析仪检定装置

329.台式气相色谱-质谱联用仪校准装置

330.旋光仪及旋光糖量计检定装置

331.烟气分析仪检定装置

332.氧弹热量计检定装置

333.氧分析仪检定装置

334.液相色谱-质谱联用仪校准装置

335.液相色谱仪检定装置

336.一氧化碳、二氧化碳红外气体分析器检定装置

337.一氧化碳检测报警器检定装置

338.荧光分光光度计检定装置

339.原子吸收分光光度计检定装置

340.原子荧光光度计检定装置

341.浊度计检定装置

342. 紫外可见近红外分光光度计检定装置

343. 总悬浮颗粒物采样器检定装置

344. 二氧化硫气体检测仪检定装置

345. 粉尘测定仪检定装置

结束语

　　《山东省计量科学研究院计量标准汇编(2020)》的内容分为十章,其中,第一章由赵东升、张健、胡安继编写;第二章由尹遵义、梁兴忠、董锐编写;第三章质量部分由马堃、申东滨、刘平编写,衡器部分由马堃、申东滨、刘平编写,压力真空部分由张帅编写,力值扭矩硬度部分由赵玉成、孙勇编写,振动转速部分由赵玉成、孙勇编写,流量部分由高进胜、姚依国、成琳琳编写;第四章由赵玉成、孙勇、丁强编写;第五章由马雪锋、杨梅、汪心妍编写;第六章由李文强编写;第七章由李文强、马雪锋、管泽鑫编写;第八章由郭波、程康、许爱华、李永佐编写;第九章由崔涛、秦霄雯、樊超、刘洋编写;第十章由郭波、隋峰、孙倩芸编写。

　　本书在山东省市场监督管理局领导的关心和指导下,得到了许多计量专家和计量标准保存单位山东省计量科学研究院的大力支持,大家怀着对计量事业的真挚情感,付出了辛勤的汗水和不懈的努力。在此,对所有参与《山东省计量科学研究院计量标准汇编(2020)》一书编辑工作以及提供相关素材的同志们表示衷心的感谢。

编　　者

2020 年 5 月